PETITE DES CLAS... ...MAIRES.[/segment]

ALGÈBRE

Par D. PUILLE (d'Amiens)

Professeur de Sciences Physiques
et de Mathématiques, à Paris

Lauréat en 1850 et 1852, de la Société pour l'Enseignem! élémentaire
Auteur Classique.

**Ouvrage augmenté d'un grand nombre
de Problèmes curieux
et intéressants à résoudre.**

Méthode, simplicité et clarté.

A PARIS,
CHEZ LES PRINCIPAUX LIBRAIRES.

A AMIENS,
Chez CARON et LAMBERT, impimeurs-libraires Éditeurs,
PLACE DU GRAND-MARCHÉ.
1852.

PETITE BIBLIOTHÈQUE

des

CLASSES PRIMAIRES.

ALGÈBRE.

Amiens. Typ. de Caron et Lambert.

PETITE BIBLIOTHÈQUE
DES CLASSES PRIMAIRES.

ALGÈBRE

PAR

D. PUILLE (d'Amiens),

Professeur de Sciences Physiques et de Mathématiques à Paris.
Auteur de plusieurs Ouvrages d'Enseignement.

OUVRAGE AUGMENTÉ

D'UN GRAND NOMBRE DE PROBLÈMES CURIEUX ET INTÉRESSANTS.

Méthode, simplicité et clarté.

A PARIS,
CHEZ LES PRINCIPAUX LIBRAIRES.

A AMIENS,
Chez CARON et LAMBERT, imprimeurs-libraires Éditeurs.

PLACE DU GRAND-MARCHÉ.

1852.

AVERTISSEMENT.

L'expérience que nous avons acquise depuis longtemps, nous a fait reconnaître qu'on peut obtenir de grands avantages en enseignant l'*Algèbre* en même temps que l'*Arithmétique*, dans les classes primaires : L'INTELLIGENCE DE L'ÉLÈVE SE DÉVELOPPE D'UNE MANIÈRE REMARQUABLE, ET IL N'EMPLOIE PAS PLUS DE TEMPS POUR ÉTUDIER L'ARITHMÉTIQUE SIMULTANÉMENT AVEC L'AGÈBRE, QUE POUR ÉTUDIER SEULEMENT LA PREMIÈRE.

Dans tous les temps, l'*Algèbre* a paru ressembler à ces mystères antiques, (*entourés de dangers occultes*), qu'un très-petit nombre de personnes sont seules appelées à pénétrer, puisqu'on suppose que cette science est parsemée de difficultés décourageantes ; mais pour peu qu'on arrive à s'initier aux premiers principes algébriques, on reconnaît bientôt que l'*Algèbre* n'est autre chose qu'une sorte d'arithmétique où l'on opère au moyen de quantités représentées par les lettres de l'alphabet au lieu de chiffres, *ces lettres donnant l'immense avantage de pouvoir resserrer en une seule expression nommée* formule, *l'ensemble des opérations qu'il faut effectuer afin d'arriver au résultat*, avantage que ne présente pas l'*Arithmétique proprement dite*, qui donne un résultat brut en chiffres, *sans laisser de traces des procédés qu'il a fallu suivre pour le déterminer.*

Cet ouvrage servira d'*auxiliaire* et de *complément à l'Arithmétique*, car, les principes qu'il contient étant une fois bien compris, il sera facile de résoudre une foule de problèmes qu'on ne peut aborder qu'en procédant par de longs tâtonnements, ou en se livrant à des considérations plus ou moins abstraites dont il est très-difficile de retenir l'enchaînement.

Nous avons eu soin de présenter les principes de l'*Algèbre* d'une manière tellement claire, que *nous avons la plus intime conviction*, qu'avec la connaissance, en arithmétique, des quatre opérations fondamentales (*entiers et fractions*), on pourra se familiariser avec les opérations algébriques *jusqu'aux Équations du premier degré à plusieurs inconnues.*

Nous nous estimerons heureux, si notre travail est accueilli comme une œuvre utile à nos compatriotes.

D. PUILLE (d'Amiens).

Paris, 10 février 1852.

ALGÈBRE.

PREMIÈRE PARTIE.

CHAPITRE PREMIER.

BUT DE L'ALGÈBRE. — SIGNES ALGÉBRIQUES. DÉFINITIONS.

1. L'ALGÈBRE est la partie des *Mathématiques pures* qui traite du calcul des grandeurs considérées d'une manière générale ; en deux mots, l'*Algèbre* est l'ARITHMÉTIQUE GÉNÉRALISÉE (1).

2. Les *caractères* dont on fait usage en *Algèbre*, comme des *chiffres* en arithmétique, sont les *lettres de l'alphabet :* les premières, a, b, c, etc., sont employées pour représenter les quantités connues ; et les dernières, x, y, z, remplacent les quantités inconnues.

---

(1) Ce travail est un abrégé du *Cours complet d'Algèbre élémentaire*, du même auteur, (ouvrage in-8°, contenant plus de 500 Problèmes, et la théorie de cette science jusqu'au Binome de Newton). On peut se le procurer chez CARON et LAMBERT, place du Grand-Marché, à AMIENS ; ou chez DEZOBRY et MAGDELEINE, rue des Maçons-Sorbonne, 1, à PARIS. (Prix : 3 fr. 50 c.)

3. On nomme *quantités numériques* les quantités représentées par des chiffres, telles que 16 et 28 ; les quantités représentées par des lettres, comme $a - c$ ou $b \times n$, sont appelées *quantités algébriques*, *quantités littérales*, ou *quantités indéterminées*.

4. En algèbre, on fait usage des mêmes *signes* qu'en arithmétique, pour indiquer les opérations à effectuer ; ces signes sont :

$$+, \; -, \; \times, \; :, \; =,$$

qui s'énoncent respectivement :

plus, *moins*, *multiplié par*, *divisé par*, *égale*.

Ainsi $a + b$ désigne la somme de a et de b ;

$m - n$ indique la différence des deux quantités m et n ;

$c \times d$ ou cd (1) exprime le produit de c par d ;

$r : p$ ou $\frac{r}{p}$ est une expression qui indique qu'il faut diviser r par p ;

Enfin, $a + n = d$ exprime que la somme de a avec n égale d.

5. Dans une quantité algébrique, on distingue quatre choses : le *signe*, le *coefficient*, la *lettre* (ou *les lettres*), et l'*exposant*.

______

(1) Le produit de deux quantités s'exprime encore par un point placé entre les deux lettres ($c.d$) ; mais le plus généralement on indique le produit en écrivant les lettres sans interposition de signe.

6. 1°. Les *signes* considérés dans les quantités sont + et —. On doit faire précéder toutes les quantités algébriques de l'un de ces deux signes ; néanmoins on a l'habitude de supprimer le signe +, lorsqu'il doit précéder une lettre écrite la première ; ainsi, + a s'écrit a. Quant au signe —, il ne peut jamais être sous-entendu dans aucun cas.

7. 2°. Le *coefficient* est une quantité numérique écrite à la gauche des quantités algébriques, pour exprimer combien de fois il faut prendre la lettre ou le produit que représentent les lettres.

Ainsi, $6a$ exprime qu'il faut prendre 6 fois la valeur de a. Cette quantité signifiant $a + a + a + a + a + a$, si a égale 4 unités, l'expression $6a$ équivaudra à 6 fois 4 unités ou 24 unités.

Lorsqu'on veut indiquer qu'il faut prendre 3 fois le produit de m par p, on écrit $3mp$. Dans $6a$ et $3mp$, les *coefficients* sont 6 et 3.

Toute quantité qui n'a pas de *coefficient*, a l'unité pour *coefficient*, il est sous-entendu.

Ainsi, d ou am équivaut à $1d$ ou à $1am$.

8. 3°. Les *lettres* employées en algèbre, ainsi qu'on l'a dit plus haut [2], sont celles de l'alphabet ; les premières servent à remplacer les quantités connues, et les dernières représentent les quantités inconnues.

9. 4°. L'*exposant* est un chiffre que l'on écrit à la droite d'une lettre, et un peu au-dessus,

1.

pour indiquer combien de fois la quantité exprimée par la lettre doit entrer comme facteur dans un produit.

Ainsi, au lieu d'écrire bbb ou $mmmm$, on écrit simplement b^3 ou m^4; les chiffres 3 et 4 sont les *exposants* respectifs de la quantité b et de la quantité m.

Le terme $aabbbc$ se réduit à a^2b^3c.

Remarque. Un *exposant* n'affecte jamais que la lettre à la droite de laquelle il est écrit. Ainsi ab^2 exprime le produit de a par le carré de b.

Pour indiquer la deuxième puissance du produit ab, on écrira $(ab)^2$, ce qui signifie qu'après avoir effectué le produit de a par b, on élèvera ce produit au carré.

10. Une lettre qui n'a pas d'*exposant*, est considérée comme ayant l'*exposant* 1, il est sous-entendu.

Ainsi a égale a^1, cm équivaut à c^1m^1.

11. D'après ce qui vient d'être dit du *coefficient* et de l'*exposant*, on comprendra facilement la différence qui existe entre eux.

Le *coefficient* indiquant la somme d'une quantité ajoutée plusieurs fois à elle-même, et l'*exposant* exprimant combien de fois une quantité est prise comme facteur dans un produit, il est facile de comparer la valeur de $4a$ et de a^4.

Supposons que a exprime 3 unités, l'expression $4a$ exprimera 4 fois la valeur de a ou

($3+3+3+3$) égale 12 ; et a^4 aura pour valeur ($3 \times 3 \times 3 \times 3$) égale 81, valeur bien différente de la précédente.

12. Par *puissance d'une quantité*, on comprend le produit formé par la multiplication de cette quantité plusieurs fois par elle-même. Le *degré* des puissances s'indique par l'*exposant* des quantités. Ainsi m ou m^1 exprime la première puissance de m ; a^2 indique la deuxième puissance ou le carré de a ; b^5 représente la cinquième puissance de b ; enfin c^n exprime la puissance (1) de c pris comme facteur autant de fois qu'on suppose d'unités dans la quantité algébrique n.

OBSERVATION. D'après ce qui précède, il est facile de bien comprendre que *toute quantité algébrique comprend essentiellement quatre parties : le signe, le coefficient, la lettre et l'exposant ;* que si le *coefficient* ou l'*exposant* n'est pas exprimé, l'unité est le *coefficient* ou l'*exposant* sous-entendu.

13. On appelle *terme* toute quantité algébrique (formée d'une ou de plusieurs lettres), séparée d'une autre par l'un des signes $+$ ou $-$.

Ainsi a ou $+a$ est un terme ; mp ou $+mp$ est un terme formé par deux lettres ; $9\,abc$ ou $+9\,abc$ est un terme formé par trois lettres ;

---

(1) On voit ici que l'*exposant* peut être une quantité algébrique. Il en est de même du *coefficient*.

enfin, $c - 2a + 6ab^2$ sont trois termes écrits les uns à la suite des autres.

14. 1°. On nomme *termes positifs* les termes précédés du signe $+$; ainsi $am + b^2$ sont deux termes positifs. (*Le signe $+$ est sous-entendu avant* am, *puisque cette quantité est exprimée la première* [6].)

2°. Un *terme négatif* est celui qui est précédé du signe $-$; ainsi $-b$, $-2am$, $-12m^2p^4$, sont trois termes négatifs.

3°. Par *termes semblables*, on comprend ceux qui renferment les mêmes lettres affectées respectivement des mêmes exposants, sans aucun égard aux *signes* et aux *coefficients*.

Ainsi, $2ab - 5ab + ab$ sont trois termes semblables; $-4a^2bn + 7a^2bn$, sont deux termes semblables. Mais $3a^2c - 7a^3c$, ou $-4mp + 2mp^2$ sont des termes différents.

15. On appelle *monome*, l'expression algébrique d'un seul terme ($-ab$);

Binome, celle de deux termes ($a + 2ab^2$);

Trinome, celle de trois termes ($m^2 - ab + b^4$);

Enfin, *polynome*, celle de plusieurs termes, quel qu'en soit le nombre ($abc^2 - ad^4$).

16. La *valeur numérique totale* d'une expression algébrique (*monome ou polynome*), est le résultat que l'on obtient en donnant une valeur particulière aux lettres qui la forment, et en effectuant les opérations d'arithmétique indiquées par les signes de cette expression.

— 13 —

Ainsi la *valeur numérique totale* de $4\,ab^2$, (*qui est pour* 4 *fois le produit de* a *par le carré de* b) sera 588, en donnant 3 pour valeur de a et 7 pour valeur de b; car le carré de 7 est 49; multipliant 49 par 3 on a 147; enfin, 4 fois 147 égale 588.

OBSERVATION. Il est facile de comprendre que la *valeur numérique totale* d'une quantité algébrique doit dépendre de la *valeur particulière* attribuée à chaque lettre de cette quantité, et qu'elle peut à chaque instant varier. Ainsi, en prenant encore la quantité $4\,ab^2$, on aurait eu 64 pour *valeur numérique totale*, si l'on avait fait $a = 4$, $b = 2$.

17. On ne change pas la *valeur numérique* d'un *polynome*, en intervertissant l'ordre des termes qui le composent, pourvu toutefois que l'on ait soin de conserver à chacun d'eux les signes respectifs.

Ainsi le polynome $3\,a^2 - 7\,a^2b + 4\,mn$, peut s'écrire : $-7\,a^2b + 4\,mn + 3\,a^2$, ou $4\,mn + 3\,a^2 - 7\,a^2b$, sans que la *valeur numérique* puisse changer.

REMARQUE. Souvent on fait usage, en algèbre, des expressions *termes additifs*, *termes soustractifs*, ou bien *quantités additives*, *quantités soustractives*, au lieu de celles-ci : *termes positifs*, *termes négatifs*; toutes ces expressions peuvent être arbitrairement employées, car elles sont respectivement synonymes.

18. On appelle *dimension d'un terme* chacun des facteurs littéraux qui composent ce terme. Le *degré* d'une expression algébrique est le nombre de ses facteurs ou dimensions (1).

Ainsi, $7a$ est un terme à une dimension ou du 1er degré;

$4mn$ est un terme à deux dimensions ou du 2e degré;

$5a^2bc^3$, qui équivaut à $aabccc$, est un terme à 6 dimensions ou du 6e degré.

On estime donc le degré d'un terme en faisant la somme des exposants de chacune des lettres qui entrent dans ce terme.

19. Un *polynome* est *homogène* lorsque tous ses termes sont du même degré.

Ainsi, $a^6 - 3abc^4$ est un *binome* ou *polynome homogène* du *sixième degré*; $b^2cm^5 + 4a^5b^3 - m^8$ est un *polynome homogène* du *huitième degré*.

Mais $2a^4 - 7a^3b^2 + a$ n'est pas un *polynome homogène*, car le premier terme $2a^4$ est du *quatrième degré*, le second $-7a^3b^2$, du *cinquième degré*; enfin a, troisième terme, est du *premier degré*.

Il en serait de même des deux polynomes suivants :

$$5a^2b^3 - 2a^3$$
$$\text{et } 8b^3c^5 + 3abcd^4.$$

CHAPITRE II.

RÉDUCTIONS. — OPÉRATIONS FONDAMENTALES, (ENTIERS ET FRACTIONS.)

20. L'objet des *réductions* est de ramener une expression algébrique polynome à une forme plus simple; elles consistent à diminuer le nombre des termes semblables dans le polynome.

21. 1°. Lorsque, dans un *polynome*, les *termes semblables* ont le *même signe*, comme dans $4ab + ab + 3ab$, on fait la somme des *coefficients* $(4+1+3)$, ce qui donne 8, et l'on écrit à la droite de 8 la quantité algébrique ab, pour déterminer l'expression *algébrique réduite* 8 ab.

Soit encore à réduire le polynome $2a^3 + 7b + a^3 + 3a^3 + 4b$.

Pour réduire ce polynome, on fait d'une part la somme des coefficients des termes semblables $2a^3 + a^3 + 3a^3$, et l'on a $(2+1+3)$ ou 6; à la droite de 6 on écrit a^3 pour déterminer $6a^3$; d'une autre part, on fait la somme des coefficients des termes semblables $7b + 4b$, on obtient $7+4$ égale 11 ou 11 b. Le polynome proposé réduit sera donc $6a^3 + 11b$.

22. 2°. Quand, dans le polynome proposé, les termes semblables ont des *signes différents*, on fait séparément la somme des coefficients de tous les termes positifs, et celle de tous ceux qui sont négatifs, puis *on retranche la plus petite somme de la plus grande, et l'on donne au reste le signe de cette plus grande.*

On propose de réduire le polynome $6\,ab^2 - 2\,ab^2 + ab^2 - 7\,ab^2 - 3\,ab^2$.

Faisant la somme des coefficients des termes positifs $6\,ab^2 + ab^2$, on obtient $6 + 1 = 7$, donc $7\,ab^2$. La somme des coefficients des termes négatifs $-2\,ab^2 - 7\,ab^2 - 3\,ab^2$ égale $2 + 7 + 3$ ou 12; on aura donc $-12\,ab^2$.

Déterminant la différence des coefficients des deux quantités $-12\,ab^2$ et $7\,ab^2$, on obtient $12 - 7 = 5$.

Ainsi, le polynome réduit égalera $-5\,ab^2$.

23. 3°. Lorsque la somme des coefficients des termes semblables positifs égale celle des coefficients des termes semblables négatifs, ces deux sommes se détruisent, on ne les écrit pas dans l'expression réduite.

Soit à réduire le polynome $5\,ab^2 - 2\,m + 4\,ab^2 - m - 9\,ab^2$.

Opérant sur les termes positifs en ab^2, d'après les principes établis précédemment, on obtient $5 + 4 = 9$, ou $9\,ab^2$, dont on retranche le coefficient de $-9\,ab^2$; la différence étant 0, on ne l'écrit pas. Réduisant les termes en m, on obtient enfin $-3\,m$ pour le polynome réduit.

REMARQUE. Nous avons vu précédemment [9] qu'une expression telle que $aabbbc$, étant réduite, devient a^2b^3c; donc, lorsque, dans un même terme, il existe plusieurs lettres semblables, comme dans a^3bba^2, comme cette expression équivaut à la quantité $aaabbaa$, on peut intervertir l'ordre des facteurs et écrire $aaaaabb$, qui se réduit à l'expression a^5b^2.

24. D'après tout ce qui précède, on peut déjà se former une idée du calcul algébrique des quantités : *il consiste moins à obtenir le résultat numérique de ces quantités qu'à formuler ce même résultat sous une expression plus simple.*

25. Nous distinguerons, pour faciliter l'étude des principes algébriques, *quatre opérations fondamentales*, comme on le fait ordinairement en arithmétique : l'*Addition*, la *Soustraction*, la *Multiplication* et la *Division*.

OBSERVATION. Les quantités algébriques sont considérées comme des *entiers* ou des *fractions*. Ainsi, $4\,ab$ et $-7m$ sont des *quantités algébriques entières*, attendu que les coefficients sont des nombres entiers. Les quantités $\frac{1}{2}a$ ou $\frac{a}{2}$ (qu'on énonce a sur 2), et $\frac{3}{4}bc^2$ ou $\frac{3bc^2}{4}$, sont des fractions, puisque les coefficients de chacune de ces quantités sont fractionnaires.

CHAPITRE III.

QUANTITÉS ALGÉBRIQUES ENTIÈRES.

ADDITION.

26. Pour faire l'*addition des quantités algébriques*, on les écrit les unes à la suite des autres, en conservant à chacune d'elles le signe qui l'affecte; puis on fait la *réduction des termes semblables*, d'après les procédés que nous avons donnés plus haut [20, 21, 22, 23.]

1er PROBLÈME. *Soit proposé d'ajouter les quantités :* a, b, m², p.

SOLUTION. Les quantités proposées sont *positives (le signe + est sous-entendu)*, leur somme sera, d'après la règle précédente, $a + b + m^2 + p$. Cette quantité ne peut être réduite.

2e PROBLÈME. *On propose d'ajouter les trois polynomes suivants :*

$$9\,ab^2 - 4\,m - 3\,bc^2.$$
$$- 5\,cd + 2\,ab^2 - a^3 - 5\,ab^2.$$
$$3\,m - 6\,cd + 3\,bc^2 - 2\,ab^2.$$

SOLUTION. Nous aurons la somme des polynomes proposés en les écrivant les uns à la suite des autres, chacun avec son signe :

$$9\,ab^2 - 4\,m - 3\,bc^2 - 5\,cd + 2\,ab^2 - a^3 - 5\,ab^2$$
$$+ 3\,m - 6\,cd + 3\,bc^2 - 2\,ab^2.$$

Réduisant cette expression, on obtient :
$$4\,ab^2 - m - 11\,cd.$$

Voici la marche à suivre afin d'obtenir le résultat précédent :

On écrit les quantités semblables positives les unes sous les autres, et les quantités négatives semblables de la même manière et en regard des premières respectivement semblables, puis on opère la réduction.

Disposition des termes.

$$
\begin{aligned}
9\,ab^2 - 5\,ab^2 &\\
2\,ab^2 - 2\,ab^2 &= 4\,ab^2.\\
3\,m - 4\,m &= -m.\\
3\,bc^2 - 3\,bc^2 &= 0.\\
-5\,cd &\\
-6\,cd &= -11\,cd.
\end{aligned}
$$

SOUSTRACTION.

27. On fait la *soustraction algébrique* en écrivant à la suite de la quantité dont on veut soustraire, tous les termes de la quantité à soustraire, en ayant soin de changer les signes de cette dernière, c'est-à-dire, les $+$ en $-$, et les $-$ en $+$. (Les *coefficients*, les *lettres* et les *exposants s'écrivent tels qu'ils sont.*) Enfin, on fait la réduction des termes semblables de toute l'expression.

1er PROBLÈME. *On propose d'ôter la quantité* b *de la quantité* m.

SOLUTION. Les deux quantités sont positives,

nous écrivons d'abord m, puis à la droite de m nous écrivons la quantité b dont nous changeons le signe, ce qui donne $m - b$.

2ᵉ PROBLÈME. *De la quantité* $5a^3 - 15a^5b^2$, *on veut retrancher* $3a^3 + 5a^3b^2 + 2a^5b^2$.

SOLUTION. On écrit d'abord la quantité $5a^3 - 15a^5b^2$, on change les signes de chaque terme de la seconde quantité $3a^3 + 5a^3b^2 + 2a^5b^2$, puis on l'écrit à la droite de la première ; on obtient alors :
$$5a^3 - 15a^5b^2 - 3a^3 - 5a^3b^2 - 2a^5b^2.$$
Enfin, on fait la réduction sur toute la quantité, et l'on a pour résultat demandé l'expression $2a^3 - 17a^5b^2 - 5a^3b^2$.

MULTIPLICATION.

28. La *multiplication des quantités algébriques* donne lieu à *quatre règles*, car ces quantités se composent de 4 parties : 1°. le *signe*, 2°. le *coefficient*, 3°. la *lettre* ou les *lettres*, 4°. l'*exposant*.

1°. RÈGLE DES SIGNES.

29. Cette règle consiste en ce que le produit de deux quantités de *mêmes signes*, donne un *produit positif*, et que la multiplication de deux quantités de *signes différents* donne un *produit négatif* (1).

---

(1) Voir la démonstration de cette règle dans notre *Cours à l'usage des Maîtres*. p. 16 et 119, et le n° 1 de la note.

Ainsi, on peut avoir le tableau suivant, d'après cette règle :

   1°. + multiplié par + donne +.

Ainsi : $+ a \times + b = + ab$.

   2°. — multiplié par — donne +.

Ainsi : $- a \times - b = + ab$.

   3°. + multiplié par — donne —.

Ainsi : $+ a \times - b = - ab$.

   4°. — multiplié par + donne —.

Ainsi : $- a \times + b = - ab$.

Il en serait de même pour d'autres facteurs littéraux, relativement aux signes qui peuvent les précéder.

2°. Règle des Coefficients.

30. *La règle des coefficients* consiste à multiplier le coefficient du multiplicande par celui du multiplicateur, comme on le fait en arithmétique ; le résultat est le coefficient du produit.

Exemple. *Soit à multiplier* $+ 7a$ *par* $+ 2b$.

Le produit des signes donne +, puisque ces signes sont semblables ; le produit de 7 par 2 égale 14 ; enfin le produit de a par b s'indique par $a \times b$, ou mieux ab [4].

Donc le produit de $+ 7a$ par $+ 2b$ égale $+ 14\,ab$ ou $14\,ab$.

En effet, ce produit peut s'indiquer par $7a \times 2b$ ou $7 \times a \times 2 \times b$. Or, comme on peut intervertir l'ordre des facteurs dans un produit indiqué, nous rapprochons les deux co-efficients 7 et 2, et nous avons $7 \times 2 \times a \times b$, qui se réduit évidemment à $14\,ab$.

3°. et 4°. RÈGLE DES LETTRES ET DES EXPOSANTS.

31. La *règle des lettres* consiste à écrire les lettres de chaque facteur les unes à la suite des autres, sans interposition d'aucun signe.

Ainsi, a multiplié par b s'écrit ab ;

m multiplié par m s'écrit mm ou m^2 ;

Enfin, a^2 multiplié par $ab^3 = a^2ab^3$ ou a^3b^3.

REMARQUE. D'après ce qui précède [31] et ce que nous avons dit [9], nous pouvons conclure que : *Si la même lettre existe dans le multiplicande et dans le multiplicateur, on n'écrit cette lettre qu'une fois au produit, et on lui donne pour exposant la somme des exposants qu'elle a au multiplicande et au multiplicateur.* Ainsi, a^3 multiplié par a^2b^4 égale a^5b^4.

32. Pour résumer ce qui est relatif aux quatre règles précédentes, on observera :

1°. *Que le produit de deux facteurs de mêmes signes donne toujours un produit positif, et que le produit de deux facteurs de signes différents donne toujours un produit négatif ;*

2°. *Que les coefficients numériques* (1) *se multiplient comme en arithmétique ;*

---

(1) Voir notre COURS D'ALGÈBRE ÉLÉMENTAIRE, pour le cas des *coefficients* ou des *exposants algébriques*, page 18, n° 39. (*Seconde édition.*)

3°. *Que l'on écrit au produit toutes les lettres différentes des deux facteurs les unes à la suite des autres, en conservant à chacune de ces lettres les exposants qui les affectent. (Toutes les lettres semblables des deux facteurs ne s'écrivent qu'une fois au produit, et l'on donne pour exposant de cette lettre la somme des exposants qu'elles ont, soit dans le multiplicande, soit dans le multiplicateur.)*

4°. *Que si l'on a un terme algébrique à multiplier par un terme numérique, on fait d'abord le produit des signes, puis on multiplie le coefficient du facteur algébrique par le facteur numérique, et l'on écrit à la suite de ce produit les lettres du facteur algébrique, affectées chacune de son exposant.*

APPLICATIONS.

1°. Multiplication des Monomes.

1er EXEMPLE. *On demande le produit de* $+42$ *ab par* $+7$ *bc.*

$$+\ 42\,ab$$
$$+\ \ 7\,bc$$
$$\overline{}$$
$$+294\,ab^2c$$

SOLUTION. L'opération étant disposée comme en arithmétique, on fait d'abord :

Le produit des signes :

On a $+ \times + = +$, donc $+$ à écrire au produit ;

Le produit des coefficients ou $42 \times 7 = 294$, donc 294 à écrire à la droite du signe;

Le produit des lettres $= abbc$ ou ab^2c, que nous écrivons à la droite du coefficient 294.

Ainsi le produit demandé est l'expression $+ 294\,ab^2c$ ou $294\,ab^2c$.

OBSERVATION. Les langues modernes (*anglais, allemand, français, etc.*) se lisant de gauche à droite, et l'algèbre étant une véritable langue (*la seule qui soit réellement bien faite*), lorsque nous faisons une multiplication algébrique, ou une autre opération, nous procédons toujours en allant de gauche à droite.

2ᵉ EXEMPLE. *Soit* $+ 6\,ab^2c^3$ *multiplié par* $- 4\,a^2b$.

$$+ \quad 6\,ab^2c^3$$
$$- \quad 4\,a^2b$$
$$\overline{- \quad 24\,a^3b^3c^3}$$

SOLUTION. Le produit des signes donne $-$;
Celui des coefficients donne 24;

Le produit des lettres est $a \times a^2$ ou a^3, $b^2 \times b$ ou b^3; la lettre c^3 étant seule, on l'écrit ainsi au produit.

Donc le produit demandé est $- 24\,a^3b^3c^3$.

2°. Multiplication des Polynomes.

33. La multiplication des *polynomes* est fondée sur les principes relatifs à la multiplication des *monomes*. On commence par ordonner (1) tous les termes du multiplicande par rapport à la même lettre; puis, après avoir disposé les deux facteurs comme en arithmétique, on multiplie successivement (*d'après les règles que nous avons établies précédemment*), tous les termes du multiplicande par chacun des termes du multiplicateur, en écrivant ceux de chaque produit partiel les uns à la suite des autres, en allant de gauche à droite; ensuite on fait la réduction sur tous les produits partiels, le nombre obtenu est le résultat demandé.

1er PROBLÈME. *On demande le produit de* $a^3 - 2ab + c$ *par* $a^2 + 4ab$.

$$a^3 - 2ab + c$$
$$a^2 + 4ab$$

Produits partiels.
$$a^5 - 2a^3b + a^2c$$
$$4a^4b - 8a^2b^2 + 4abc$$

Produit total : $a^5 + 4a^4b - 2a^3b - 8a^2b^2 + a^2c + 4abc$

(1) Un *polynome est ordonné* lorsque tous les termes qui le composent, sont disposés dans l'ordre croissant ou décroissant des exposants d'une même lettre, prise à volonté. Cette lettre se nomme *lettre ordonnatrice*.

Ainsi, pour ordonner, dans l'ordre décroissant, le polynome $15a^2b^3 + 3b^5 + 17a^3b^2 - 16a^4b + 6a^5 - 8ab^4$, par rapport à la puissance décroissante de b, on écrira : $3b^5 - 8ab^4 + 15a^2b^3 + 17a^3b^2 - 16a^4b + 6a^5$.

En commençant par le terme $6a^5$, on aura l'ordre croissant.

Solution. L'opération étant disposée comme on le fait en arithmétique, on commence par la gauche ; le premier produit partiel $a^5 - 2a^3b + a^2c$, provient de la multiplication de $a^3 - 2ab + c$ par a^2. Voici comment on le détermine :

Premier produit partiel.

1er *Terme :* $a^3 \times a^2 = a^5$.

Pour les *signes :* $+$ multiplié par $+$ donne $+$, rien à écrire ;

Pour les *coefficients :* 1 sous-entendu multiplié par 1 égale 1, rien à écrire ;

Pour les *lettres* et les *exposants :* a^3 multiplié par a^2 donne a^5.

Ainsi le premier terme du premier produit partiel est $+a^5$ ou a^5.

2e *Terme :* $-2ab \times +a^2 = -2a^3b$.

Signes : $-$ multiplié par $+$ donne $-$, on écrit $-$;

Coefficients : 2 multiplié par 1 donne 2 ;

Lettres et *exposants :* ab multiplié par a^2 donne a^3b.

Le second terme est $-2a^3b$.

3e *Terme :* $c \times a^2 = a^2c$.

Signes : $+$ multiplié par $+$ donne $+$, rien à écrire ;

Coefficients : 1 multiplié par 1 donne 1, rien à écrire ;

Lettres et *exposants :* c multiplié par a^2 donne a^2c.

Le troisième terme est $+a^2c$.

Deuxième produit partiel.

Le second produit partiel provient de la multiplication de $a^3 - 2ab + c$ par $+4ab$.

1ᵉʳ Terme : $a^3 \times 4ab$.

Signes : $+$ multiplié par $+$ donne $+$, rien à écrire ;

Coefficients : 1 multiplié par 4 donne 4, on écrit 4 ;

Lettres et exposants : a^3 multiplié par ab donne a^4b.

Donc le premier terme du second produit partiel est $+a^4b$ ou a^4b.

2ᵉ Terme : $-2ab \times 4ab = -8a^2b^2$.

Signes : $-$ multiplié par $+$ donne $-$, on écrit $-$;

Coefficients : 2 multiplié par 4 égale 8 ;

Lettres et exposants : ab multiplié par ab donne a^2b^2.

Le second terme est $-8a^2b^2$.

3ᵉ Terme : $c \times 4ab = 4abc$.

Signes : $+$ multiplié par $+$ donne $+$, rien à écrire ;

Coefficients : 1 multiplié par 4 donne 4 ;

Lettres et exposants : c multiplié par ab donne abc.

Le troisième terme du second produit partiel est $+4abc$ ou $4abc$.

La somme de ces produits partiels est donc
$$a^5 + 4a^4b - 2a^3b - 8a^2b^2 + a^2c + 4abc,$$
qui n'admet pas de réduction.

2ᵉ PROBLÈME. *Quel est le produit de* $3a^3 + 5a^2b — 2ab^2 — 5b^3$ *par* $2a^2 — 4ab + 3b^2$?

SOLUTION. Nous disposons l'opération comme dans l'exemple précédent, et nous effectuons les produits en appliquant les principes que nous avons indiqués plus haut; nous obtenons alors le tableau suivant :

Multiplicande ..	$3a^3 + 5a^2b — 2ab^2 — 5b^3$
Multiplicateur ..	$2a^2 — 4ab + 3b^2$
1ᵉʳ Produit partiel :	$6a^5 + 10a^4b — 4a^3b^2 — 10a^2b^3$
2ᵉ Produit partiel :	$— 12a^4b — 20a^2b^2 + 8a^2b^3 + 20ab^4$
3ᵉ Produit partiel :	$9a^3b^2 + 15a^2b^3 — 6ab^4 — 15b^5$
Produit total réduit :	$6a^5 + 2a^4b — 15a^3b^2 + 13a^2b^3 + 16ab^4 — 15b^5$

REMARQUE. Lorsqu'on veut simplement indiquer le produit de deux polynomes, on les écrit chacun entre deux parenthèses. Ainsi, le produit de $8a^2b + am$ par $7b^4 — 2a^3b$ s'indique de cette manière : $(8a^2b + am)(7b^4 — 2a^3b)$.

Si l'on avait écrit $8a^2b + am \times 7b^4 — 2a^3b$, on aurait pu faire supposer que le seul terme am dût être multiplié par $7b^4$.

OBSERVATION. Dans les calculs, il se rencontre souvent certains produits qu'il est très-utile de retenir dans la mémoire ; on en distingue principalement quatre :

1°. En multipliant $a + b$ par $a + b$, on obtient pour résultat : $a^2 + 2ab + b^2$;

C'est-à-dire que *le carré de la somme de deux quantités est composé du carré de chaque quantité augmenté de leur double produit.*

2°. En multipliant $a - b$ par $a - b$, on a pour résultat : $a^2 - 2ab + b^2$;

Ce qui indique que *le carré de la différence de deux quantités est égal à la somme du carré de chaque quantité, moins le double produit de la première par la seconde.*

3°. En multipliant $a + b$ par $a - b$, on a pour produit : $a^2 - b^2$;

Ce qui signifie que *le produit de la somme de deux quantités par leur différence, donne pour résultat la différence des carrés de chacune de ces quantités.*

4°. En multipliant $(a + b)^2$ par $a + b$, on a pour produit : $a^3 + 3a^2b + 3ab^2 + b^3$;

C'est-à-dire que *le cube de la somme de deux quantités contient le cube de la première, plus trois fois le produit du carré de la première par la seconde, plus trois fois le produit de la première par le carré de la seconde, enfin le cube de la seconde.*

DIVISION.

34. La *division* des quantités algébriques présente quatre cas :

   1°. *Un monome à diviser par un monome;*
   2°. *Un monome   —   par un polynome;*
   3°. *Un polynome   —   par un monome;*
   4°. *Un polynome   —   par un polynome.*

35. *La division d'une quantité monome par une quantité monome,* ou celle *d'une quantité monome par une quantité polynome,* ne peut que s'indiquer sous la forme d'une fraction dont le numérateur est le dividende et le dénominateur le diviseur.

Ainsi, a divisé par c donne pour quotient $\dfrac{a}{c}$; b divisé par $m+n$ égale $\dfrac{b}{m+n}$ (1).

36. Lorsqu'une division de deux quantités est indiquée sous la forme fractionnaire, elle peut présenter une expression dans laquelle le numérateur ou dividende contient des lettres communes au dénominateur ou diviseur. Pour simplifier une telle expression, on supprime au dividende et au diviseur les lettres communes.

Ainsi, le quotient de $abcd$ par ab^2dm, étant

---

(1) N'oublions pas que $\frac{a}{c}$ et $\frac{b}{m+n}$ se lisent ainsi : a sur c, et b sur $m+n$.

$\dfrac{abcd}{ab^2dm}$, on simplifie l'expression en suppri-

mant les lettres *abd* communes au dividende et

au diviseur, et l'on obtient $\dfrac{c}{bm}$.

Le quotient de *mnp* par *mp* égale *n*.

37. Nous avons vu précédemment [25] que pour effectuer la multiplication de deux quantités algébriques, il faut avoir égard à quatre règles. Donc, si le produit de deux facteurs et l'un de ces facteurs sont donnés (*autrement dit un dividende et un diviseur*), on observera toutes les règles qui ont concouru à former ce produit.

38. Nous distinguons quatre règles pour effectuer une division :

    1°. *La règle des signes,*
    2°.   —   *des coefficients,*
    3°.   —   *des lettres,*
    4°.   —   *des exposants.*

39. Des Signes. Dans un produit, deux facteurs de *mêmes signes* donnant un *produit positif*, et deux facteurs de *signes différents* donnant un *produit négatif*, on peut établir :

1°. *Que, lorsque le dividende est positif, le quotient doit avoir le même signe que le diviseur;*

2°. *Si le dividende est négatif, le quotient doit être affecté du signe contraire à celui du diviseur.* En deux mots, *le quotient est positif,* lorsque le dividende et le diviseur ont le *même signe*; il est *négatif*, quand ces deux termes (*dividende et diviseur*) ont des *signes différents*.

40. DES COEFFICIENTS. Le coefficient d'un produit étant le résultat de la multiplication du coefficient multiplicande par le coefficient multiplicateur, pour trouver le coefficient du quotient, on divisera celui du dividende par celui du diviseur.

41. DES LETTRES. Dans un produit, les lettres étant uniquement celles du multiplicande et du multiplicateur (*écrites à la suite les unes des autres*), pour avoir les lettres du quotient, il faudra supprimer dans le dividende, les lettres de même exposant qui sont communes avec celles du diviseur.

42. DES EXPOSANTS. Les exposants d'un produit étant formés par la somme des exposants d'une même lettre dans les deux facteurs de ce produit, pour déterminer l'exposant de chaque lettre du quotient, on retranche l'exposant de la lettre du diviseur de l'exposant de la même lettre du dividende.

REMARQUE. D'après ce que nous venons de dire relativement aux exposants qui affectent les mêmes lettres dans le dividende et dans le diviseur, si l'on voulait diviser a^4 par a^7, on obtiendrait pour quotient a^{4-7}, qui se réduit à a^{-3}.

Pour comprendre la valeur d'un tel résultat, remarquons que la division de a^4 par a^7 n'étant pas possible, si on l'indique sous la forme d'une fraction, on aura $\dfrac{a^4}{a^7}$; cette expression égalant $\dfrac{1 \times a^4}{a^3 \times a^4}$, en la réduisant (1), on obtiendra l'expression $\dfrac{1}{a^3}$. Donc a^{-3} égalant $\dfrac{1}{a^3}$, on peut conclure *que toute quantité affectée d'un exposant négatif équivaut à une fraction ayant l'unité pour numérateur, et cette quantité affectée d'un exposant positif pour dénominateur. On peut recourir à ce moyen, afin d'exprimer le quotient d'une division qu'on ne peut effectuer, mais on préfère la forme fractionnaire.*

1°. Division d'un Monome par un Monome.

1er PROBLÈME. *On propose d'effectuer la division de* $12a^6b^3c$ *par* $4a^2bc$.

$$
\begin{array}{r|l}
12\,a^6b^3c & 4\,a^2bc \\
-12\,a^6b^3c & \overline{+3\,a^4b^2} \\
\hline
0 &
\end{array}
$$

---

(1) a^4 divisé par a^4 égale a^{4-4} égale a^0. On comprend quelle est la valeur de a^0 ou de toute autre expression ayant 0 pour exposant, en considérant que toute quantité divisée par elle-même donne l'unité pour quotient : donc a^0 égale 1.

Solution. Nous disposons l'opération comme en arithmétique. Commençant par les signes, nous disons : $+$ divisé par $+$ donne $+$, nous écrivons ce signe au quotient.

Le coefficient 12 du dividende, divisé par 4, coefficient du diviseur, donne 3 pour le coefficient du quotient ; nous écrivons 3 à la place qui lui est réservée.

a^6 divisé par a^2 donne $a^{6-2} = a^4$; nous écrivons a^4 au quotient.

b^3 divisé par b donne $b^{3-1} = b^2$; nous écrivons b^2 au quotient

Enfin, c divisé par c donne c^0, qu'on n'écrit pas au quotient.

Ayant obtenu le quotient $+3\,a^4 b^2$, nous multiplions le diviseur $4\,a^2 bc$ par ce quotient, et nous avons pour produit la quantité $+12\,a^6 b^3 c$; nous changeons le signe de ce produit, qui devient alors $-12\,a^6 b^3 c$ (*afin d'en faire la soustraction*) ; nous le plaçons sous le dividende et nous effectuons la réduction sur le dividende et sur la quantité qui en est retranchée, le résultat est 0.

Ainsi, le quotient de $12\,a^6 b^3 c$ par $4\,a^2 bc$ égale $+3\,a^4 b^2$ ou $3\,a^4 b^2$.

2ᵉ PROBLÈME. *On demande le quotient de* $36\,a^4 b^4 c^6 d$ *par* $-9\,a^2 bc^4$?

Solution. Pour la division des signes, on a $+$ divisé par $-$ donne $-$.

$$\text{Coefficients.} \qquad 36 : 9 \quad \text{donne} \qquad 4.$$

$$\text{Lettres et Exposants.} \begin{cases} a^4 : a^3 &= a^{4-3} = a. \\ b^4 : b = b^{4-1} = b^3 \dots\dots b^3. \\ c^6 : c^4 = c^{6-4} = c^2 \dots\dots c^2. \end{cases}$$

La quantité d, se trouvant au dividende sans être au diviseur, doit être écrite au quotient.

Ainsi, le quotient de la division proposée (1) est $- 4ab^3c^2d$.

2°. **Division d'un Polynome par un Monome.**

43. La division d'une *quantité polynome* par une *quantité monome*, s'effectue en divisant chacun des termes du dividende par le diviseur, en appliquant tous les principes observés pour le cas précédent.

44. On peut facilement comprendre la raison de la règle précédente. En effet, le polynome dividende provenant de la multiplication du monome diviseur par le quotient (*qui nécessairement est un polynome dans le cas précédent*), il en résulte que ce diviseur est facteur de tous les termes du dividende.

---

(1) Voir notre *Cours d'Algèbre élémentaire*, page 28, 3ᵉ problème, pour la division des quantités dont chaque lettre a un exposant algébrique. (Cet ouvrage in-8 se trouve chez les mêmes Libraires.)

1ᵉʳ PROBLÈME. *On propose de diviser* $12\,a^2b + 9\,ab^2 - 15\,abc + 21\,abd$ *par* $3\,ab$.

Solution. Nous disposons l'opération comme on le fait lorsqu'il s'agit de quantités numériques.

$$
\begin{array}{l|l}
\text{Dividende.} & \text{Diviseur.} \\
12\,a^2b + 9\,ab^2 - 15\,abc + 21\,abd & 3\,ab \\
-12\,a^2b - 9\,ab^2 + 15\,abc - 21\,abd & \\
\hline
0 \qquad 0 \qquad 0 \qquad 0 & -4\,a^3 + 3\,b - 5\,c^2 + 7\,d \\
 & \text{Quotient.}
\end{array}
$$

Le 1ᵉʳ *terme*... $12\,a^2b$ divisé par $3\,ab$, donne $-4\,a$ au quotient;

Le 2ᵉ *terme*... $9\,ab^2$ —— $3\,ab$ — $3\,b$,   —

Le 3ᵉ *terme*... $-15\,abc$ —— $3\,ab$ — $-5\,c$,   —

Le 4ᵉ *terme*... $21\,abd$ —— $3\,ab$ — $7\,d$.   —

Donc, le quotient demandé est : $4\,a + 3\,b - 5\,c + 7\,d$.

2ᵉ PROBLÈME. *Quel est le quotient de* $8\,a^3b^5 - 20\,a^2b^2c + 12\,a^3b^2c^2 - 4\,a^3b^3$ *divisé par* $-4\,a^2b^2$?

SOLUTION. On commence par ordonner les termes du dividende par rapport à la puissante décroissante de a.

OPÉRATION.

$$\left.\begin{array}{l} 8\,a^3b^5 - 4\,a^3b^3 + 12\,a^3b^2c^2 - 20\,a^2b^2c \\ -8\,a^3b^5 + 4\,a^3b^3 - 12\,a^3b^2c^2 + 20\,a^2b^2c \end{array}\right\}\begin{array}{l} -4\,a^2b^2 \\ \hline -2\,ab^3 + ab - 3\,ac^2 + 5\,c \end{array}$$

$$\quad 0 \qquad 0 \qquad 0 \qquad 0$$

Le 1ᵉʳ terme... $8\,a^3b^5$ divisé par $-4\,a^2b^2$ donne $-2\,ab^3$,

Le 2ᵉ terme... $-4\,a^3b^3$ ——— $-4\,a^2b^2$ — $+ab$,

Le 3ᵉ terme... $+12\,a^3b^2c^2$ ——— $-4\,a^2b^2$ — $-3\,ac^2$,

Le 4ᵉ terme... $-20\,a^2b^2c$ ——— $-4\,a^2b^2$ — $-5\,c$.

Ainsi le quotient de la division des deux quantités données est

$$-2\,ab^3 + ab - 3\,ac^2 + 5\,c.$$

Remarque. Lorsque nous obtenons un terme au quotient, nous le multiplions par le diviseur, puis nous changeons le signe du produit que nous avons soin d'écrire sous la partie du dividende sur laquelle nous opérons; ensuite, nous faisons la réduction des termes semblables.

3°. Division d'un Polynome par un Polynome.

45. On effectue la division de deux *quantités algébriques polynomes*, en ordonnant d'abord leurs termes par rapport à une même lettre; puis, après avoir disposé le dividende et le diviseur comme on le fait en arithmétique, on divise le premier terme à gauche du dividende par le premier terme à gauche du diviseur, *en ayant soin d'observer les quatre règles prescrites pour la division des monomes* [35]; ensuite on multiplie tous les termes du diviseur par ce quotient, et l'on écrit le produit qui en résulte sous le dividende, *en changeant les signes de chacun des termes de ce produit pour en opérer la soustraction*, enfin, on fait la réduction des termes semblables, et *l'on ordonne le reste.*

Ce reste étant considéré comme un nouveau dividende partiel, on divise son premier terme de gauche par le premier terme de gauche du diviseur; cette division donnant le second terme du quotient, on multiplie le diviseur par ce nouveau terme, et le produit se retranche du dividende partiel. Enfin, on continue le même procédé jusqu'à ce que tous les termes du dividende soient épuisés et qu'on ait obtenu par suite tous les termes du quotient.

46. *Il est nécessaire d'ordonner les termes des quantités proposées*, afin de pouvoir faire la division et obtenir un quotient qui présente ses termes dans le même ordre que ceux du dividende et du diviseur. En effectuant la division *sans ordonner les termes des quantités proposés*, cette opération serait souvent impraticable, le premier terme du dividende, non ordonné, pouvant ne pas être multiple du premier terme du diviseur.

1ᵉʳ PROBLÈME. *On propose de diviser* $-8a^3 +10a^2b+13ab^2-15b^3$ *par* $4a^2+ab-5b^2$.

SOLUTION. Après avoir ordonné les termes du dividende et du diviseur par rapport à la lettre a, nous disposons l'opération comme nous l'avons fait pour la division d'*une quantité polynome par un monome*.

$$
\begin{array}{l|l}
-8a^3+10a^2b+13ab^2-15b^3 & \,4a^2+ab-5b^2 \\
+8a^3+\ 2a^2b-10ab^2 & \overline{} \\
\cline{1-1}
 & -2a+3b \\
\end{array}
$$

1ᵉʳ reste $0 +12a^2b+3ab^2-15b^3$
$\qquad\qquad -12a^2b-3ab^2+15b^3$

2ᵉ reste, $\qquad\qquad 0$

Le premier terme $-8a^3$ du dividende étant divisé par le premier terme $+4a^2$ du diviseur, nous obtenons — $2a$ pour résultat ; nous écrivons cette quantité au quotient, et nous multiplions tous les termes du diviseur par ce nombre, ce qui donne pour produit $-8\,a^3-2\,a^2b+10\,ab^2$. Afin de soustraire ce produit du dividende, nous en changeons les signes, ce qui donne la quantité $+8\,a^3+2\,a^2b-10\,ab^2$, nous l'écrivons ensuite sous le dividende, puis nous faisons la réduction sur tous les termes du dividende (*sans cnexcepter aucun*) et du produit écrit au-dessous ; cette opération donne pour premier reste $12\,a^2b+3\,ab^2-15\,b^3$.

Après avoir ordonné cette quantité, que nous considérons comme un dividende partiel, nous en divisons le premier terme $+12\,a^2b$ par le premier terme $4\,a^2$ du diviseur, et nous obtenons pour quotient $+3\,b$; nous plaçons cette quantité sous le diviseur, à la suite du terme $-2\,a$, et nous multiplions tous les termes du diviseur par ce nombre $+3\,b$, le produit est $12\,a^2b+3\,ab^2-15\,b^3$; nous changeons les signes de cette quantité pour en faire la soustraction, et nous l'écrivons sous le dividende partiel $+12\,a^2b-3\,ab^2-15\,b^3$.

La réduction faite sur tous les termes du dividende, ne laissant pas de reste, l'opération est alors terminée.

Le quotient des deux polynomes est donc : $-2\,a+3\,b$.

2ᵉ PROBLÈME. *On propose de diviser* $a^3c^7 + 6a^5c^5 - 8a^4c^6 + a^2c^8$ *par* $a^2c^2 - a^3c$.

SOLUTION. Nous ordonnons le dividende et le diviseur par rapport à la puissance décroissante de c, et nous disposons l'opération comme pour une division numérique

$$
\begin{array}{ll}
& a^2c^8 + a^3c^7 - 8a^4c^6 + 6a^5c^5 \,\Big|\, a^2c^2 - a^3c \\
& \underline{-a^2c^8 + a^3c^7} \qquad\qquad\qquad\quad c^6 + 2ac^5 - 6a^2c^4 \\
\text{1er Reste,} & \underline{2a^3c^7 - 8a^4c^6 + 6a^5c^5} \\
& -2a^3c^7 + 2a^4c^6 \\
\text{2e Reste,} & \underline{-6a^4c^6 + 6a^5c^5} \\
& +6a^4c^6 - 6a^5c^5 \\
\text{3e Reste,} & 0
\end{array}
$$

Le quotient est $c^6 + 2ac^5 - 6a^2c^4$.

Nous n'indiquons pas, dans cet exemple, la marche que l'on doit suivre pour effectuer l'opération : elle est absolument la même que dans le cas précédent.

REMARQUE. D'après ce que nous avons dit jusqu'ici, on voit que pour qu'une division soit possible, il faut : 1°. *Que le coefficient du dividende soit exactement divisible par le coefficient du diviseur;* 2°. *Que le dividende contienne toutes les lettres du diviseur affectées d'exposants supérieurs ou égaux, mais non inférieurs ;* dans le cas contraire, la division s'indique sous la forme fractionnaire.

Preuves des opérations fondamentales.

47. En algèbre, *on peut vérifier les opérations algébriques,* lorsqu'on doute de l'exactitude des résultats obtenus : cette vérification porte le nom de *preuve.*

48. ADDITION. 1°. On fait la preuve de *l'addition* des quantités algébriques, à peu près comme celle des quantités numériques. On écrit toutes les quantités dans un autre ordre que celui qu'on a adopté d'abord, puis on fait la réduction des termes semblables ; l'opération première est bonne, lorsque le nouveau résultat est le même que celui de l'opération précédente.

2°. La preuve de *l'addition* se fait encore en retranchant successivement de la somme trouvée la totalité de chaque groupe de termes qu'on prendra à volonté ; toutes les soustractions étant faites, on doit trouver *zéro* pour dernier reste, si, dans la première opération, on n'a pas commis d'erreur.

49. SOUSTRACTION. Pour vérifier la *soustraction,* on ôte la différence trouvée de la plus grande des deux quantités ; le résultat doit être égal à la plus petite d'entre elles, si l'opération primitive n'a pas été affectée d'erreur.

On peut encore faire la preuve de la *soustraction algébrique* en ajoutant, à la quantité à soustraire (1), le résultat obtenu par l'opération.

50. MULTIPLICATION. 1°. Pour faire la preuve de la *multiplication* des quantités algébriques, on renverse l'ordre des deux facteurs ; le nouveau produit doit égaler celui de l'opération primitive.

2°. La preuve de la *multiplication algébrique* se fait encore en divisant le produit obtenu par l'un des deux facteurs donnés ; le résultat doit égaler l'autre facteur.

51. DIVISION. 1°. On fait la preuve de la *division algébrique*, en divisant le dividende par le quotient ; le résultat doit être égal au diviseur.

2°. Cette preuve peut encore se faire en effectuant le produit du diviseur par le quotient : le résultat doit reproduire le dividende, si l'opération première n'est pas affectée d'erreur.

OBSERVATION. On emploie le premier des deux moyens que nous indiquons, si la division n'a pas de reste ; dans le cas contraire, on fait usage du second moyen, et l'on a soin d'ajouter au produit du diviseur par le quotient le reste de l'opération, pour reproduire exactement le dividende.

---

(1) Pour la preuve, cette quantité conserve ses signes primitifs.

CHAPITRE IV.

QUANTITÉS ALGÉBRIQUES FRACTIONNAIRES.

52. Lorsqu'une division algébrique ne peut être effectuée, on l'indique sous la forme d'une fraction : le *dividende devient numérateur*, et le *diviseur, dénominateur*.

Donc, on peut dire qu'*une fraction algébrique est l'expression d'une division qu'on ne peut effectuer*.

53. Les *fractions algébriques* sont susceptibles des mêmes opérations que les fractions numériques, et ces opérations reposent toutes sur les mêmes principes qu'en arithmétique.

1°. Réduction d'entiers en fractions.

54. *Pour réduire des entiers en fractions*, on multiplie les entiers par le dénominateur que l'on veut avoir : le résultat est le numérateur d'une fraction qui prend le dénominateur donné.

1ᵉʳ PROBLÈME. *On demande combien il y a de huitièmes dans la quantité algébrique* b.

SOLUTION. La quantité b étant considérée comme un certain nombre d'entiers, nous la multiplions par le dénominateur 8, et nous avons $b \times 8$ égale $b8$ ou mieux $8b$ pour le numérateur ; en écrivant 8 au dénominateur, on obtient la fraction $\dfrac{8\,b}{8}$ pour l'expression demandée (1).

2ᵉ PROBLÈME. *Soit à réduire en cinquièmes la quantité polynome* 5 a + 2 b.

SOLUTION. On multiplie chaque terme par 5, et l'on a $\dfrac{25\,a + 10\,b}{5}$ pour la fraction demandée.

REMARQUE. Le produit du polynome $5\,a + 2\,b$ par 5 est exprimé ainsi : $(5\,a + 2\,b)5$, en écrivant le multiplicateur 5 avant ou après la quantité renfermée entre parenthèses ; 5 est alors le *coefficient* de chacun des termes renfermés entre les parenthèses. D'après cela, nous comprendrons facilement que
$$6\,(m + 2\,a) = 6\,m + 12\,a,$$
et que $5\,(a - 7) = 5\,a - 35$.

3ᵉ PROBLÈME. *On veut réduire* $4\,a + \dfrac{2\,b}{3}$ *en une seule fraction.*

SOLUTION. Lorsque l'on a des entiers joints à une fraction, on multiplie les entiers par le

---

(1) On met sous forme de fraction toute quantité algébrique entière, en lui donnant l'unité pour dénominateur, ou bien on multiplie cette quantité par celle que l'on veut obtenir pour dénominateur.

Ainsi, ac se réduit à l'expression $\dfrac{ac}{1}$. Pour avoir d au dénominateur, on multiplierait ac par d et l'on aurait $\dfrac{acd}{d}$.

dénominateur de la fraction ; on ajoute le numérateur au produit : le résultat devient le numérateur d'une fraction qui a pour dénominateur celui de la fraction primitive.

Ainsi, dans l'exemple proposé, on multiplie $4a$ par 3, et l'on a $12a$; on ajoute le numérateur de la fraction, et l'on obtient $12a+2b$. En donnant le dénominateur 3 au binome $12a+2b$, on obtient la fraction $\dfrac{12a+2b}{3}$.

2°. Réduction des fractions en entiers.

55. *On réduit les fractions en entiers, en* divisant le numérateur de ces fractions par le dénominateur de chacune d'elles ; le quotient donne les entiers, et le reste devient le numérateur d'une fraction nouvelle qui a pour dénominateur celui de la fraction primitive.

1ᵉʳ **PROBLÈME.** *On propose de réduire* $\dfrac{49a}{7}$ *en entiers.*

SOLUTION. Considérant $\dfrac{49a}{7}$ comme une expression fractionnaire numérique, on divise $49a$ par 7 et l'on obtient $7a$.

2ᵉ **PROBLÈME.** *Combien y a-t-ils d'entiers dans* $\dfrac{36m}{8}$?

SOLUTION. Nous divisons $36m$ par 8, et nous obtenons $4m+\dfrac{4m}{8}$.

3o. **Réduction des fractions à une plus simple expression.**

56. *Pour réduire une fraction à une plus simple expression,* on supprime tous les facteurs (*numériques ou algébriques*) communs au numérateur et au dénominateur. Cette règle ne peut s'appliquer qu'aux monomes.

57. Lorsque le numérateur et le dénominateur sont polynomes, on emploie alors d'autres procédés ; on fait usage du *plus grand commun diviseur,* dont nous ne pouvons pas parler dans ces premiers éléments (1).

1er PROBLÈME. *On propose de simplifier la fraction* $\dfrac{abc}{bcd}$.

SOLUTION. En supprimant les lettres bc communs aux deux termes de la fraction, on obtient $\dfrac{a}{d}$ pour la plus simple expression demandée.

2e PROBLÈME. *Quelle est la plus simple expression de* $\dfrac{4\,a^2bc^3}{8\,ab^2d}$?

SOLUTION. Les lettres communes différant d'exposant, on supprime les puissances des

(1) Voyez notre *Cours complet d'Algèbre élémentaire,* chapitre IV, page 50

lettres communes qui sont facteurs communs dans les deux termes.

Ainsi, $\dfrac{4\,a^2bc^3}{8\,ab^2d}$ se réduit à $\dfrac{1\,ac^3}{2\,bd}$ en supprimant la quantité ab qui est facteur commun dans le numérateur et dans le dénominateur.

4°. Réduction des fractions au même dénominateur.

58. *On réduit les fractions algébriques au même dénominateur,* en multipliant les deux termes de chaque fraction par des quantités telles que chacune d'elles ait un même dénominateur. Pour y parvenir simplement, on multiplie les deux termes de chaque fraction par le produit des dénominateurs des autres.

1er PROBLÈME. *Soit* $\dfrac{a}{b}$ *et* $\dfrac{c}{d}$ *à réduire au même dénomiateur.*

SOLUTION. On multiplie les deux termes de la fraction $\dfrac{a}{b}$ par d (*dénominateur de* $\dfrac{c}{d}$), et l'on obtient $\dfrac{a \times d}{b \times d} = \dfrac{ad}{bd}$; en multipliant les deux termes de la fraction $\dfrac{c}{d}$ par b (*dénominateur de* $\dfrac{a}{b}$), on a $\dfrac{c \times b}{d \times b} = \dfrac{cb}{db}$. Donc les deux ractions $\dfrac{a}{b}$ et $\dfrac{c}{d}$ réduites au même dénominateur, deviennent respectivement $\dfrac{ad}{bd}$ et $\dfrac{cb}{db}$. (On sait que $bd = db$.)

2e **PROBLÈME.** *On propose de réduire au même dénominateur les fractions* $\dfrac{a}{b}$, $\dfrac{c}{d}$, $\dfrac{e}{f}$, $\dfrac{n}{m}$.

SOLUTION. En suivant le même principe que dans le problème précédent, on obtient pour fractions réduites :

$$\frac{adfm}{bdfm}, \quad \frac{bcfm}{bdfm}, \quad \frac{bdem}{bdfm}, \quad \frac{bdfn}{bdfm} \,(1).$$

OBSERVATION. Lorsque les dénominateurs des fractions proposées ont déjà certains facteurs communs entre eux, on emploie un moyen qui détermine un dénominateur beaucoup plus simple que par la règle précédente.

Il consiste à réunir en un produit, pour en composer le dénominateur commun, tous les facteurs différents contenus dans les dénominateurs des fractions proposées ; il ne reste plus qu'à multiplier le numérateur de chaque fraction par les facteurs de ce produit, qui manquent dans le dénominateur de la fraction sur laquelle on opère.

---

(1) Dans ces produits, nous avons placé les lettres dans l'ordre alphabétique.

Soit, par exemple, à réduire au même dénomi-nateur les fractions $\dfrac{a}{bd}$, $\dfrac{c}{cd}$, $\dfrac{n}{cm}$.

En suivant la règle générale on obtient :

$$\frac{ac^2dm}{bc^2d^2m}, \quad \frac{cbdcm}{bc^2d^2m}, \quad \frac{bcd^2n}{bc^2d^2m}.$$

Et en employant le dernier procédé, c'est-à-dire, en formant le dénominateur commun $bcdm$, provenant de tous les facteurs des dénominateurs de chaque fraction, et en multipliant les deux termes de chacune d'elles par les facteurs qui manquent à leur dénominateur particulier, on aura :

$$\frac{acm}{bcdm}, \quad \frac{cbm}{bcdm}, \quad \frac{nbd}{bcdm},$$

fractions plus simples que les précédentes.

REMARQUE. L'un des deux termes de la fraction ou tous les deux termes peuvent être polynomes ; pour les multiplier, on suit exactement les principes relatifs à la multiplication des polynomes des quantités algébriques entières [33].

Ainsi, les fractions $\dfrac{12x-2}{3}$ et $\dfrac{3x}{4}$ réduites au même dénominateur, donnent :

$$\frac{48x-8}{12} \text{ et } \frac{9x}{12}.$$

ADDITION ET SOUSTRACTION.

59. L'*addition* et la *soustraction des quanti-tés algébriques fractionnaires* de même dénominateur se fait en déterminant la *somme* ou la *différence* des numérateurs; cette *somme* ou cette *différence* devient le numérateur d'une fraction algébrique qui a pour dénominateur le dénominateur commun.

60. Lorsque les fractions n'ont pas le même dénominateur, on commence par les y réduire, d'après les procédés donnés plus haut [58], afin de pouvoir faire l'une ou l'autre opération.

1er **PROBLÈME.** *On demande la somme des fractions algébriques* $\dfrac{a}{m}$, $\dfrac{b}{m}$ *et* $\dfrac{c}{m}$?

SOLUTION. Les fractions proposées ayant le même dénominateur, on fait la somme des numérateurs, et l'on obtient : $\dfrac{a+b+c}{m}$.

2e **PROBLÈME.** *Quelle est la différence des deux fractions* $\dfrac{bc}{dn}$ *et* $\dfrac{bd}{mn}$?

SOLUTION. On commence par réduire au même dénominateur les fractions $\dfrac{bc}{dn}$ et $\dfrac{bd}{mn}$; elles deviennent alors : $\dfrac{bcmn}{dmn^2}$ et $\dfrac{bd^2n}{dmn^2}$. La différence demandée sera donc : $\dfrac{bcmn - bd^2n}{dmn^2}$, d'après la règle précédente.

MULTIPLICATION.

61. La *multiplication des fractions algébriques* présente trois cas particuliers :

1°. *Une fraction algébrique à multiplier par une quantité algébrique entière;*

2°. *Une quantité algébrique entière par une fraction algébrique;*

3°. *Deux fractions algébriques à multiplier l'une par l'autre.*

1er CAS. *Soit* $\dfrac{a}{b}$ *à multiplier par* m.

On multiplie le numérateur de la fraction $\dfrac{a}{b}$ par m, et l'on obtient $\dfrac{am}{b}$ pour le produit demandé.

2e CAS. *Quel est le produit de* b *par* $\dfrac{c}{d}$?

Pour obtenir ce produit, on multiplie b par c, ce qui donne bc, qui est le numérateur d'une fraction ayant d pour dénominateur; $\dfrac{bc}{d}$ est donc le produit demandé.

3e CAS. *On propose de déterminer le produit de* $\dfrac{a}{b}$ *par* $\dfrac{c}{d}$.

En multipliant les deux fractions terme à terme, nous obtenons $\dfrac{ac}{bd}$ pour produit.

REMARQUE. Lorsque les termes des fractions sont polynomes, on opère absolument de la même manière ; seulement, on applique à chaque opération les règles données pour la multiplication des polynomes.

Ainsi, pour obtenir le produit de $\dfrac{a^2 + c}{b - d^3}$ par $\dfrac{c + d}{m^2 + n}$, on aura :

$$\left(\frac{a^2 + c}{b - d^3}\right)\left(\frac{c + d}{m^2 + n}\right) = \frac{(a^2 + c)(c + d)}{(b - d^3)(m^2 + n)}$$

et en effectuant les produits indiqués dans la dernière expression, on détermine l'expression :

$$\frac{a^2 c + cd + a^2 d + c^2}{bm^2 - m^2 d^3 + bn - d^3 n}.$$

DIVISION.

62. Ainsi que la multiplication, la *division des fractions algébriques* présente *trois cas particuliers* :

1°. *Une fraction algébrique à diviser par une quantités algébrique entière;*

2°. *Une quantité algébrique entière à diviser par une fraction algébrique;*

3°. *Une fraction algébrique à diviser par une fraction algébrique.*

1er CAS. *On propose de diviser* $\dfrac{m}{n}$ *par* d.

Pour obtenir le quotient, on multiplie le dénominateur de la fraction $\dfrac{m}{n}$ par d, et le résultat est $\dfrac{m}{nd}$.

2e CAS. *Quel est le quotient de* a *divisé par* $\dfrac{c}{d}$.

En renversant les deux termes de la fraction diviseur $\dfrac{c}{d}$, nous obtenons $\dfrac{d}{c}$; multipliant la quantité a par $\dfrac{d}{c}$, nous avons $\dfrac{ad}{c}$ pour le quotient demandé.

3e CAS. *On demande le quotient de* $\dfrac{d}{f}$ *divisé par* $\dfrac{c}{n}$.

Renversant les deux termes de la fraction diviseur, on a $\dfrac{n}{c}$; multipliant $\dfrac{d}{f}$ par $\dfrac{n}{c}$, terme à terme, on obtient, pour quotient, l'expression $\dfrac{dn}{fc}$.

REMARQUE. Lorsque les deux termes des fractions proposées sont polynomes, on applique à chaque opération les règles établies pour la multiplication des quantités algébriques polynomes.

Ainsi, $\dfrac{m^2 + n^2}{c + f}$ divisé par $\dfrac{c - f}{m - n}$, donne

$$\frac{m^3 + mn^2 - m^2n - n^3}{c^2 - f^2}.$$

Voici l'opération développée :

$$\left(\frac{m^2 + n^2}{c + f}\right) : \left(\frac{m - n}{c - f}\right) = \frac{(m^2 + n^2)\,(m - n)}{(c + f)\,(c - f)}$$

$$= \frac{m^3 + mn^2 - m^2n - n^3}{c^2 - f^2}.$$

FIN DE LA PREMIÈRE PARTIE.

OBSERVATION.

Nous terminons ici ce que nous avons à dire sur les opérations algébriques qu'il est indispensable de connaître pour continuer avec fruit *l'étude si intéressante de l'Algèbre*. Nous comprenons, comme nos élèves, ce qu'ont d'ennuyeux et de rebutant les principes qui précèdent; mais, une fois bien compris, ils facilitent l'étude des procédés relatifs aux **Équations**, auxquels ils servent de base.

Dans les chapitres que nous allons maintenant examiner, nous développerons cette *partie brillante de l'Algèbre*, que plusieurs écrivains n'ont pas hésité d'indiquer comme **une des plus belles découvertes de l'esprit humain**. Lorsqu'on est lancé dans une route où tout parle à l'intelligence, comme rien n'est plus fastidieux que de revenir sur ses pas pour se remettre dans la mémoire de simples notions élémentaires, ou pour reprendre les opérations préparatoires, nous engageons particulièrement les élèves à s'arrêter ici pour bien réfléchir sur ce qu'ils doivent revoir encore de la *première partie*; de cette manière, la suite de *leurs pensées nouvelles* ne sera jamais interrompue par l'oubli des moyens pratiques *qui doivent servir à les exprimer*.

ALGÈBRE.

SECONDE PARTIE.

CHAPITRE V.

DES ÉQUATIONS. — TRADUCTION EN ALGÈBRE DES CONDITIONS D'UN PROBLÈME.

63. On appelle *équation* l'expression de l'égalité de deux quantités qui renferment une ou plusieurs inconnues combinées avec des quantités connnues.

Ainsi , $5a + 6b = 4x$.
$$52 + 4x = 5x - 85.$$
$$24x = 15(12 - x) - 24.$$

64. Dans une équation , on distingue deux parties principales appelées *membres* ; elles sont séparées entre elles au moyen du signe $=$.

65. On nomme *premier membre* de l'équation l'ensemble des termes qui se trouvent à la gauche du signe $=$; le *second membre* d'une équation est l'ensemble des termes qui se trouvent écrits à la droite.

Ainsi, dans l'équation $5a + 6b = 4x$, le *premier membre* est $5a + 6b$, et le *second membre* est $4x$.

66. Les équations sont divisées en plusieurs classes ou degrés :

1°. *Les équations du premier degré ;*

2°. *Les équations du second degré.*

1°. Les équations du *premier degré* sont celles dont les quantités inconnues ne sont multipliées ni par elles-mêmes, ni entre elles; comme

$$4\,a - 7\,b = 12 ;$$
$$\text{ou } \tfrac{2}{3}\,x - 3\,a = 5\,b - 6.$$

2°. On nomme équations du *second degré* celles qui renferment des inconnues élevées à la deuxième puissance, ou des termes qui contiennent deux facteurs inconnus.

Ainsi,
$$y^2 + a = cd ;$$
$$xy - b = a + 9.$$

67. On distingue encore les équations du *troisième*, du *quatrième*, du *cinquième* degré, etc., dont les inconnues sont élevées à la *troisième*, *quatrième* ou *cinquième* puissance, etc., ou dont les termes sont formés de trois, de quatre ou de cinq facteurs inconnus.

68. Pour déterminer la classe ou degré des équations, on fait la somme des exposants des inconnues qui se multiplient dans un même terme.

Ainsi, $xy^2z + xyz + 7\,xy = 100$ est une équation du quatrième degré, puisque le terme xy^2z, qui en a le plus, contient quatre facteurs $x,\ y \times y,\ z$.

69. Les équations peuvent être 1°. *littérales ;* 2°. *numériques ;* 3°. *identiques.*

1°. On nomme *équation littérale* toute équation dont le coefficient des inconnues renferme des lettres ; telle est $bx - cy = a$, ou $4\,ay + 5\,bx = m$.

2°. Les *équations numériques* sont celles qui n'ont d'autres lettres que les inconnues, comme l'équation $x - y = 12$, ou $17\,x + 5\,y = 16$.

3°. Enfin, les *équations identiques*, nommées le plus souvent *identités*, sont des équations dont les deux membres sont respectivement composés des mêmes termes ; telles sont :
$$5\,x - 7 = 5\,x - 7.$$
$$\text{ou } 4\,y - 16 = 4\,(y - 4).$$

REMARQUE. Il y a toujours *identité* entre l'opération indiquée et le résultat qu'on peut obtenir en effectuant cette opération.

Ainsi, $5\,(m - 2\,a) = 5\,m - 10\,a$.

70. Dans la solution d'un problème par l'algèbre, on considère deux parties :

1°. *La mise du problème en équation ;*
2°. *La résolution de l'équation.*

71. 1°. *Pour mettre un problème en équation* (1), on commence par étudier avec soin le

---

(1) Il n'y a pas de règles générales pour mettre un problème en équation : cela dépend de l'habitude, de nos dis-

problème proposé, puis, au moyen des signes algébriques, on exprime les rapports qui existent entre les quantités connues et les quantités inconnues, afin d'égaler ces quantités entre elles.

72. 2°. *Pour résoudre les équations*, on les transforme successivement en d'autres expressions au moyen du calcul algébrique pour que la dernière équation exprime la valeur des inconnues.

---

positions particulières, ou de notre aptitude pour la science des mathématiques. Néanmoins, voici quelques indications qui peuvent guider dans cette opération :

On se pénétrera de l'énoncé du problème, en en comprenant parfaitement les diverses conditions, et en saisissant tous les rapports qui existent entre les quantités connues et celles qui sont inconnues; on représentera les quantités connues par les premières lettres de l'alphabet, a, b, c, etc., et les quantités inconnues par les dernières, x, y, z. (Voir la première partie, n° 2, page 7.)

On regardera la question comme résolue, puis on déterminera, au moyen des signes algébriques, sur les quantités connues ou inconnues, les mêmes opérations qu'il faudrait faire pour vérifier la valeur des inconnues, si cette valeur avait été donnée. Enfin, on déterminera deux expressions équivalentes d'une même quantité, et on les unira par le signe $=$.

Souvent on forme autant d'équations qu'il y a d'inconnues, comme nous pourrons le voir plus loin.

CHAPITRE VI.

DE LA RÉSOLUTION DES ÉQUATIONS DU PREMIER DEGRÉ A UNE SEULE INCONNUE.
EXERCICES. — PROBLÈMES.

73. *On résout une équation du premier degré à une seule inconnue* lorsqu'on dégage cette inconnue des quantités connues (*soit littérales, soit numériques*), qui sont combinées avec elles, de manière à la présenter seule dans un membre de l'équation et à obtenir les quantités connues dans l'autre.

74. Les procédés employés pour résoudre une équation quelconque, reposent sur le principe général suivant :

Deux quantités égales augmentées ou diminuées d'une autre même quantité, sont toujours égales.

En d'autres termes :

Les deux membres d'une équation sont encore égaux, soit qu'on les ait augmentés, diminués, multipliés ou divisés par une même quantité, soit enfin qu'on les ait élevés tous deux à la même puissance, ou qu'on en ait extrait les racines d'un même degré.

Ce principe sera considéré comme une vérité évidente par elle-même.

75. On appelle *équation transformée* la nouvelle équation qui résulte de l'une quelconque des opérations dont nous venons de parler.

Ainsi, *transformer une équation* c'est la changer en une autre qui jouit encore de la propriété d'être satisfaite par la valeur des inconnues qui convient à la première.

76. Lorsque plusieurs équations doivent exister ensemble, on peut les ajouter, les soustraire, les multiplier ou les diviser membre à membre, les résultats obtenus forment encore autant d'équations susceptibles d'être satisfaites comme les premières par la substitution de la valeur des inconnues : cela est évident, puisque, dans chacune de ces opérations, on ne fait qu'*ajouter* ou *ôter* des quantités égales à chaque membre de l'une d'elles ; — *multiplier* ou *diviser* chacun d'eux par des quantités égales qui sont exprimées sous des formes différentes.

Applications des principes précédents.

1er PROBLÈME. *Soit à résoudre l'équation*
$$x - c = m - b.$$

SOLUTION. Voulant faire passer le terme — c du premier membre dans le second ou, ce qui revient au même, faire disparaître ce terme du premier membre, nous l'en retranchons ; mais retrancher une quantité négative telle que — c d'un membre, c'est augmenter le membre de cette quantité : donc, pour conserver l'égalité des deux membres , il faut aussi augmenter de c le second membre, ce qui revient à écrire c dans le second membre avec le signe $+$.

On a donc $x = m - b + c$, équation qui diffère de la précédente, en ce que le terme $-c$ du premier membre , de la première équation, est devenu $+c$ dans le second de la seconde équation.

2e PROBLÈME. *On propose de résoudre l'équation* $x + a = 5b - c$.

SOLUTION. Pour faire disparaître le terme $+a$ du premier membre , nous le retranchons dans ce membre ; mais, afin de ne pas détruire l'égalité, il faut en même temps le retrancher du second membre : ce que l'on peut faire en écrivant ce terme avec le signe $-$. On aura alors l'équation $x = 5b - c - a$, qui diffère de la précédente en ce que $+a$ du premier membre de la première équation est devenu $-a$ dans le deuxième membre de la seconde.

3e PROBLÈME. *Soit à résoudre l'équation* $\dfrac{x}{m} = \dfrac{b}{d}$.

SOLUTION. Supprimant, dans le premier membre , la quantité m, nous multiplions ce membre par m; pour conserver l'égalité entre les deux membres, il faut aussi multiplier le second membre par cette quantité m, et l'on a :

$x = \dfrac{bm}{d}$, équation dans laquelle le terme m,

diviseur du premier membre, est devenu multiplicateur du second.

4ᵉ PROBLÈME. *On veut résoudre l'équation* $bx = a - c$.

SOLUTION. Si nous divisons le premier membre par b (ce qui se fait en supprimant le multiplicateur b de x), nous troublons l'égalité ; pour la rétablir, nous divisons en même temps le second membre par b, et nous obtenons l'équation :

$$x = \frac{a - c}{b},$$ qui diffère de la première en ce que le facteur b (multiplicateur de x du premier membre), est devenu diviseur du second membre de cette seconde équation.

5ᵉ PROBLÈME. *Soit à résoudre l'équation*

$$\frac{3}{5}x + 5 + \left(\frac{x + 5}{3}\right) = x.$$

SOLUTION. Nous commençons par réduire tous les termes au même dénominateur [58], et nous obtenons :

$$\frac{9x}{15} + \frac{75}{15} + \left(\frac{5x + 25}{15}\right) = \frac{15x}{15}.$$

Supprimant les dénominateurs, on a :

$$9x + 75 + 5x + 25 = 15x.$$

Transposant les termes, on obtient :

$$9x + 5x - 15x = -75 - 25.$$

Réduisant dans chaque membre, on a :

$$-x = -100.$$

Changeant les signes, on trouve pour l'équation résolue : $x = 100$.

D'après les cinq problèmes qui précèdent, on conclut facilement la règle suivante :

Pour transposer une quantité ou la faire passer d'un membre d'une équation dans l'autre, il faut l'écrire dans cet autre membre avec un signe différent ou des fonctions opposées, c'est-à-dire que les termes additifs deviennent soustractifs et réciproquement, et que les diviseurs deviennent multiplicateurs et réciproquement.

77. Voici la marche qu'on adopte généralement pour faciliter la résolution des équations :

On commence par opérer toutes les réductions qui peuvent être faites dans chaque membre de l'équation, puis on fait disparaître les diviseurs qui affectent les termes où se trouve l'inconnue, ensuite on fait passer dans le premier membre tous les termes qui comprennent l'inconnue, et dans le second ceux qui expriment les quantités connues ; alors on fait la réduction, et l'on dégage l'inconnue du multiplicateur qui l'affecte de manière que cette inconnue reste seule dans ce premier membre ; enfin, on réduit le second membre à la plus simple expression qu'il peut avoir.

CHAPITRE VII.

ÉQUATIONS DU PREMIER DEGRÉ A UNE SEULE INCONNUE.

1º. Exercices raisonnés.

1er EXERCICE. *On propose de résoudre l'équation* $8x + 3 = 7x + 7$.

SOLUTION. Faisant passer dans le premier membre tous les termes affectés de l'inconnue, et dans le second les termes connus, on obtient :
$$8x - 7x = 7 - 3.$$

Réduisant dans chaque membre, on a $x = 4$ pour équation résolue.

2e EXERCICE. *Soit à résoudre l'équation* $16x + 2a - 5 = 6x + 2a + 15$.

SOLUTION. Nous faisons passer dans le premier membre les termes affectés de l'inconnue, et dans le second les quantités qui sont connues ou supposées telles, et nous obtenons :
$$16x - 6x = 2a + 15 - 2a + 5.$$

Réduisant dans chaque membre, on a :
$$10x = 20.$$

Divisant les deux membres par 10, pour faire disparaître le multiplicateur 10 du premier membre, on a : $x = 2$ pour équation résolue.

3e EXERCICE. *Résoudre l'équation*
$$\frac{12x - 2}{3} + \frac{3x}{4} = \frac{8x + 18}{4} \quad \frac{2 - 3x}{12}$$

SOLUTION. Commençant par la réduction de tous les termes au même dénominateur, nous remarquons facilement que 12 peut être pris pour *dénominateur commun.*

Opérant d'après le principe établi plus haut [58], nous divisons 12 par chaque dénominateur particulier des fractions, et nous multiplions les deux termes de chacune d'elles par leur quotient respectif; nous obtenons alors :

$$\frac{48x-8}{12} + \frac{9x}{12} = \frac{24x+54}{12} - \frac{2-3x}{12}$$

Supprimant tous les dénominateurs, ce qui ne change rien à l'égalité des membres, nous avons :

$$48x-8+9x = 24x+54-2+3x.$$

Remarquons ici que dans cette expression, le terme $3x$ est affecté du signe + au lieu du signe — qu'il avait avant la suppression des dénominateurs : il doit en être ainsi, car le numérateur $2-3x$ de la dernière fraction $\frac{2-3x}{12}$, précédé du signe —, devient évidemment $-2+3x$, par la soustraction effectuée de cette quantité de celle qui précède dans le dernier résultat. (*Voir pour le changement des signes des quantités à soustraire de celles qui précèdent, première Partie, n° 27.*)

Opérant toutes les réductions sur chaque membre de l'équation

$$48x-8+9x = 24x+54-2+3x,$$

on a : $\qquad 57x-8 = 27x+52.$

Faisant passer les termes inconnus dans le premier membre, et les termes connus dans le second, puis réduisant, nous obtenons :

$$30\,x = 60.$$

Divisant les deux membres par 30, pour dégager x de son facteur, on a enfin :

$$x = 2. \quad (1)$$

Remarque. Quand une équation résolue présente la forme $-x = -25$ (ce qui arrive souvent), comme on peut multiplier les deux membres par -1, ce qui donne $x = 25$, sans troubler l'égalité, on change simplement les signes du terme de chaque membre.

Ainsi, $-y = -9$ donne $y = 9$, etc.

2°. Problèmes raisonnés

78. *On vérifie la solution d'un problème*, lorsqu'on substitue aux inconnues les valeurs trouvées par les équations, et qu'on s'assure si chaque valeur satisfait entièrement aux conditions énoncées dans le problème. Cette substitution de valeur aux inconnues dans les équations d'où elle dérive, ramène toujours ces dernières à des identités [69].

---

(1) Nous conseillons aux amateurs du calcul algébrique de s'exercer avec le tableau n° 15, page 66, de notre *Cours complet d'Algèbre élémentaire*, s'ils veulent s'initier à toutes les circonstances qui peuvent modifier une équation.

1er PROBLÈME. *Un père interrogé sur l'âge de son fils, répond : Si du triple de son âge actuel on retranche le sextuple de celui qu'il avait il y a 8 ans, on aura son âge actuel. Quel est cet âge ?*

SOLUTION.

1°. FORMATION DE L'ÉQUATION. Je désigne par x l'âge du fils, et je fais avec cette quantité les opérations que je ferais pour en vérifier la valeur si elle était connue.

Le triple de cet âge est $3x$; celui que l'enfant avait il y a 8 ans est $x - 8$; le sextuple de cet âge est $6(x - 8)$, ou $6x - 48$ en effectuant l'opération ainsi indiquée.

Retranchant ce dernier résultat de $3x$, on obtient l'âge actuel. On a donc l'équation :

$$3x - (6x - 48) = x,$$
$$\text{ou } 3x - 6x + 48 = x.$$

2°. RÉSOLUT. DE L'ÉQUAT., $\quad 3x - 6x + 48 = x.$
Transpos. les termes on a $3x - 6x - x = -48.$
Simplifiant ou réduisant $\qquad -4x = -48.$
Changeant les signes $\qquad 4x = 48.$
Divisant par 4 les deux membres
    pour dégager l'inconnue du facteur 4, on a $\qquad x = 12.$
L'âge demandé est 12 ans.

3°. VÉRIFICATION. L'âge du fils est 12 ans; le triple de 12 est 36 ; le sextuple de cet âge diminué de 8 est $6(12 - 8)$ ou $6 \times 4 = 24.$

La différence de 36 à 24 égale 12 ans, âge actuel du fils.

2ᵉ PROBLÈME. *On demande un nombre qui, étant multiplié par 4, puis augmenté de 52, donne le même résultat que si l'on en retranchait 17 pour multiplier le reste par 5 ?*

SOLUTION.

1°. FORMATION DE L'ÉQUATION. Soit x le nombre demandé ; en ajoutant 4 fois ce nombre à 52, l'on a $4x + 52$. Maintenant 5 fois ce nombre diminué de 17 donne $5(x - 17)$ ou $5x - 85$.

Egalant ces deux résultats, on a l'équation :

$$4x + 52 = 5x - 85.$$

2°. RÉSOLUT. DE L'ÉQUAT., $4x + 52 = 5x - 85$.
Transposant on a $\qquad 4x - 5x = -52 - 85$.
Simplifiant $\qquad\qquad\qquad -x = -137$.
Changeant les signes $\qquad\qquad x = 137$.

Le nombre demandé est 137.

3°. VÉRIFICATION. Le nombre étant 137, en prenant 4 fois 137 on a 548, en ajoutant 548 à 52, on obtient 600. Enfin, 5 fois $(137 - 17)$ donne encore 600 : donc 137 répond exactement aux conditions du problème.

3ᵉ PROBLÈME. *Le double de l'âge de Paul est autant au-dessus de 20 que le 1/5 de cet âge est au-dessous de 13 : quel est cet âge ?*

SOLUTION.

1°. FORMATION DE L'ÉQUATION. Soit x l'âge de Paul ; le double de cet âge étant au-dessus de 20, comme le 1/5 de cet âge est au-dessous de 13, on aura l'équation :

$$2x - 20 = 13 - \frac{x}{5}.$$

2°. Résolution de l'équat. $2x - 20 = 13 - \dfrac{x}{5}$

Transposant on a $\qquad 2x + \dfrac{x}{5} = 13 + 20$

Simplifiant, $\qquad\qquad \dfrac{11\,x}{5} = 33$

Chassant le dénominateur $\qquad 11\,x = 165$

Divis. les deux memb. par 11, $\qquad x = 15$

L'âge de Paul est 15 ans.

3°. Vérification. L'âge étant 15, deux fois cet âge égale 30, et le cinquième de 15 est 3. Or, d'après l'énoncé, on a $30 - 20 = 13 - 3$, ce qui satisfait à cet énoncé.

4ᵉ PROBLÈME. *Un instituteur ayant proposé 12 problèmes à ses élèves, convient avec eux de leur donner 24 centimes pour chaque problème bien résolu, et de recevoir au contraire 15 centimes pour chaque problème non-résolu. Le compte fait, l'élève doit au maître 24 centimes : on demande combien il a résolu de problèmes.*

Solution.

1°. Formation de l'équation. Soit x le nombre des problèmes résolus; $(12 - x)$ sera le nombre de problèmes non-résolus. Or, x problèmes à 24 centimes donne $24\,x$; et $(12 - x)$ problèmes à 15 centimes donne $15\,(12 - x)$.

L'excédant de cette dernière somme sur la première étant 24 centimes, on a l'équation :

$$24\,x = 15\,(12 - x) - 24.$$

2°. RÉSOL. DE L'ÉQUAT., $24\,x = 15\,(12 - x) - 24$.

Cette équation peut être reduite à $\quad 24\,x = 180 - 15\,x - 24.$

Transposant $\quad 24\,x + 15\,x = 180 - 24.$

Réduisant ou simplifiant $\quad 39\,x = 156.$

D'où $\qquad x = \dfrac{156}{39} = 4.$

Le nombre des problèmes résolus est 4.

3°. VÉRIFICATION. 4 problèmes à 24 centimes donnent 96 centimes.

12 problèmes — 4 donnent 8 problèmes non-résolus.

8 Problèmes à 15 centimes égalent 1 fr. 20.

1 fr. 20 moins 0,96 = 24 centimes, nombre que doit l'élève au maître, et qui satisfait à la question.

5ᵉ PROBLÈME. *On engage un domestique à condition de lui donner, outre son gage, un habillement complet estimé 30 fr. Après neuf mois, il se fait congédier, et on lui paie 33 fr., en lui laissant l'habillement : quel était son gage annuel?*

SOLUTION.

1°. FORMATION DE L'ÉQUATION. Soit x le gage annuel. Au bout de l'année, le domestique avait droit à ce gage plus un habit estimé 30 francs, ou $x + 30$, et au bout de 9 mois, il ne pouvait prétendre qu'à $\frac{9}{12}(x + 30)$. Mais on lui donne pour ces 9 mois l'habillement plus 33 francs, ou bien $30 + 33 = 63$; on a donc l'équation :

$$\frac{9}{12}(x + 30) = 63.$$

2°. RÉSOLUT. DE L'ÉQUAT., $\frac{9}{12}(x + 30) = 63$.

Effectuant, on a
$$\frac{9\,x}{12} + \frac{270}{12} = 63.$$

Transposant, on obtient
$$\frac{9\,x}{12} = 63 - \frac{270}{12}$$

Effectuant les opérations
$$\frac{9\,x}{12} = \frac{486}{12}$$

Supprimant les dénom.
$$9\,x = 486$$

D'où
$$x = 54$$

3°. VÉRIFICATION. Les $\frac{9}{12}$ de $(54 + 30)$ donne 63 qui égale bien la somme qu'on lui a donnée pour les 9 mois, ou $(30 + 33) = 63$.

OBSERVATION. — Dans les trois Chapitres qui vont suivre, nous examinerons les questions à quelques inconnues ; nous développerons sur plusieurs exercices les diverses méthodes employées pour ramener une équation d'un nombre quelconque d'inconnues à une équation finale qui n'a plus qu'une seule inconnue, qu'on peut parfaitement déterminer par l'une des méthodes précédentes.

CHAPITRE VIII.

DE LA RÉSOLUTION DES ÉQUATIONS DU PREMIER DEGRÉ A PLUSIEURS INCONNUES.
ÉLIMINATION. — EXERCICES.

79. Les équations du premier degré à plusieurs inconnues sont divisées en deux séries de questions :

   1°. *Les questions déterminées ;*
   2°. *Les questions indéterminées.*

80. 1°. On nomme *questions déterminées* celles qui présentent au moins autant d'équations qu'elles contiennent d'inconnues.

EXEMPLE. *Quels sont les deux nombres qui ont pour différence 6 et pour somme 24 ?*

   1ʳᵉ équation, $x - y = 6$.
   2ᵉ équation , $x + y = 24$.

Cette *question est déterminée*, car il y a autant d'équations que d'inconnues. On pourra facilement déterminer (*avec les principes que nous allons développer*) que l'un des deux nombres est 15 et que l'autre est 9.

81. 2°. Par *questions indéterminées*, on entend celles qui présentent moins d'équations que d'inconnues.

EXEMPLE. *On demande deux nombres qui ont 12 pour différence.*

Cette équation ne pouvant résoudre l'énoncé , présente une *question indéterminée.*

82. Lorsqu'on veut résoudre les équations du premier degré à plusieurs inconnues, on transforme successivement les équations qui résultent des données de la question proposée, en une équation finale contenant une seule inconnue combinée avec les nombres connus : on y parvient par l'*élimination.*

83. On nomme *élimination*, l'opération au moyen de laquelle on parvient à réduire plusieurs équations en une seule qui ne contient plus qu'une inconnue.

84. Il existe plusieurs méthodes d'élimination ; nous en étudierons trois :

1°. *Par substitution des valeurs ;*

2°. *Par comparaison des valeurs ;*

3°. *Par combinaison des valeurs.*

OBSERVATION. On distingue encore une méthode dont nous ne parlerons pas ici ; elle est nommée *méthode d'élimination par coefficients indéterminés :* elle consiste à introduire dans les équations proposées une quantité ayant une valeur indéterminée, et au moyen de laquelle il est facile de faire disparaître à volonté l'une des inconnues (1).

____

(1) Voir la page 213 de notre *Cours complet d'Algèbre élémentaire* (seconde édition) , pour cette méthode.

ÉQUATIONS A DEUX INCONNUES.

1o. Méthode d'élimination par substitution des valeurs.

85. La *Méthode d'élimination par substitution des valeurs* consiste à déterminer la valeur d'une inconnue dans l'une quelconque des deux équations données, dans la première ordinairement, (*en considérant dans cette équation l'autre inconnue comme une quantité connue*); puis à substituer la valeur trouvée de l'inconnue choisie, à la même inconnue dans la seconde équation. On obtient alors une nouvelle équation qui ne contient plus que la seconde inconnue, dont on peut déterminer la valeur d'après les principes des équations du premier degré à une seule inconnue.

86. Enfin, ayant déterminé la valeur numérique de la seconde inconnue, on substitue cette valeur à cette quantité inconnue dans la première équation ou dans la seconde, et l'on détermine la valeur numérique de la première inconnue par le même procédé que pour le cas précédent.

1er EXEMPLE. *Soient les deux équations* (1) :

$$A \qquad x - y = 6.$$
$$B \qquad x + y = 24.$$

---

(1) Nous faisons usage de lettres majuscules pour distinguer entre elles les équations; ainsi, nous disons l'équation A, l'équation B, etc.

SOLUTION. Prenant la valeur de x dans la première équation A, en considérant y comme une quantité connue, nous avons :

$$\text{C} \qquad x = 6 + y \ (1).$$

Substituant cette valeur de x à la place de x dans l'équation B, nous avons une équation du premier degré à une seule inconnue, d'où l'on peut facilement tirer la valeur de y, d'après les principes développés plus haut.

Cette équation réduite donne :

$$2\,y = 18,$$
$$\text{et} \quad y = 9.$$

Maintenant, pour déterminer la valeur de x, on substitue la valeur de y à cette lettre dans l'une quelconque des équations A et B, dans l'équation B, par exemple, et l'on obtient :

$$\text{B} \qquad x + 9 = 24,$$
$$\text{d'où} \qquad x = 15.$$

Ainsi, la valeur de y est 9, et la valeur de x est 15.

2° EXEMPLE. *Soient les équations :*

$$3\,x + 2\,y = 21 \qquad \text{A}$$
$$et \quad 7\,x + 3\,y = 44. \qquad \text{B}$$

SOLUTION. Déterminant la valeur de y (2), dans l'équation A, nous obtenons :

---

(1) Cette valeur de x, en algèbre, se nomme *valeur en fonction de* y.

(2) On pourrait aussi bien commencer par la valeur de x.

$$y = \frac{21 - 3x}{2}.$$

Multipliant par 3 les deux membres de cette égalité (*ce qui ne la change pas*), nous rendons la valeur de y égale à $3y$; on a donc :

$$3y = \frac{63 - 9x}{2}.$$

Substituant cette valeur de $3y$ au terme $3y$ dans l'équation B, nous trouvons :

$$7x + \frac{63 - 9x}{2} = 44,$$

qui est une équation du premier degré à une inconnue, d'où l'on tire facilement :

$$x = 5.$$

Prenant l'une quelconque des équations A et B, l'équation B, par exemple, pour y substituer la valeur 5 de x ; comme le terme x est multiplié par 7, nous aurons :

$$7x = 7 \times 5 \text{ ou } 35,$$

c'est-à-dire que nous remplacerons $7x$ par 35 pour avoir :

$$35 + 3y = 44, \qquad \text{B}$$

qui est une équation du premier degré à une seule inconnue, d'où l'on tire facilement :

$$y = 3.$$

Ainsi, la valeur de x est 5, et celle de y est 3.

2°. Méthode d'élimination par comparaison des valeurs.

87. La *méthode d'élimination par comparaison des valeurs* consiste à prendre dans chaque équation la valeur d'une même inconnue en fonction de l'autre, comme si elle était connue ; à égaler ces valeurs entre elles : on n'a plus alors qu'une équation du premier degré à une seule inconnue, d'où il est facile de déduire la valeur numérique de cette inconnue. Enfin, on substitue cette valeur dans l'une des deux valeurs de la première inconnue en fonction de l'autre : on obtient alors la valeur numérique de cette première inconnue.

1er EXEMPLE. *Soient encore les deux équations données dans la première méthode :*

$$A \qquad x - y = 6.$$
$$B \qquad x + y = 24.$$

SOLUTION. Nous déterminons la valeur de x dans chaque équation, et nous avons :

$$x = 6 + y. \qquad A$$
$$x = 24 - y. \qquad B$$

Nous égalons ces deux valeurs de x, et nous obtenons : $\qquad 6 + y = 24 - y.$

Cette équation à une seule inconnue, étant réduite, donne : $\qquad 2y = 18,$

d'où $\qquad y = 9.$

Pour déterminer la valeur de x, nous substituons la valeur de y dans l'une quelconque des

égalités de x (A ou B), dans A, par exemple;
et nous obtenons : $x = 6 + 9$,

ou $x = 15$.

Ainsi, la valeur de x est 15, et la valeur de y est 9, d'après cette seconde méthode comme d'après la première.

2e EXEMPLE. *Soient les équations :*

$$3x + 2y = 21,$$
$$et \quad 7x + 3y = 44.$$

SOLUTION. Déterminons la valeur de y dans chacune des équations données, en regardant la valeur de x comme déterminée, nous aurons :

$$A \qquad y = \frac{21 - 3x}{2}.$$

$$B \qquad y = \frac{44 - 7x}{3}.$$

Ces deux valeurs de y sont égales, car les mêmes valeurs de x et de y satisfont à la fois aux deux équations. Si on les égale, on aura une *condition* à laquelle la valeur de x doit satisfaire ; on aura donc :

$$\frac{21 - 3x}{2} = \frac{44 - 7x}{3}.$$

Cette équation à une inconnue, étant résolue, donne : $x = 5$.

Mettant cette valeur de x dans l'une quelconque des deux valeurs A ou B de y, on aura, en prenant B : $y = \frac{44 - 7 \times 5}{3} = 3.$

Ainsi, la valeur de x est 5, et la valeur de y est 3.

REMARQUE. On peut toujours s'assurer que la valeur numérique des inconnues est bien la valeur qui satisfait à l'équation, en plaçant chacune d'elles dans cette équation et en effectuant les calculs indiqués: on arrive à une *identité*.

Ainsi, en prenant, par exemple, la première équation donnée dans l'exemple qui précède, remplaçant x par sa valeur 5, et par conséquent $3x$ par 15, puis y par 3, et $2y$ par 6, on aura :

$$15 + 6 = 21,$$
$$\text{ou} \qquad 21 = 21.$$

3°. Méthode d'élimination par combinaison des équations (1).

88. La *Méthode d'élimination par combinaison des équations*, consiste à rendre égaux, dans les deux équations, les coefficients de l'inconnue que l'on veut éliminer, soit en multipliant les deux membres de la première équation par le coefficient de la seconde équation, et les deux membres de la seconde équation par le coefficient de la première équation ; soit enfin par le nombre qui peut rendre égaux les coefficients des inconnues à éliminer.

---

(1) Cette méthode est aussi nommée *élimination par réduction ou par addition et par soustraction*, parce que, dans cette méthode, on procède par addition ou par soustraction, suivant les circonstances dont nous allons parler.

89. On ajoute ensuite les deux équations membre à membre, lorsque les signes des inconnues à éliminer sont différents, ou bien on les soustrait l'une de l'autre lorsque les signes de ces inconnues sont les mêmes; il ne reste plus qu'une équation à une inconnue, d'où il est facile de tirer la valeur numérique. Au moyen de cette valeur, on pourra déterminer celle de l'autre inconnue.

1ᵉʳ EXEMPLE. *Prenons encore les équations données pour premier exemple dans les méthodes précédentes :*

$$A \qquad x - y = 6.$$
$$B \qquad x + y = 24.$$

SOLUTION. Le coefficient de l'inconnue y étant le même dans chaque équation, et le signe de cette inconnue étant différent, pour éliminer cette inconnue, nous ajoutons ces deux équations membre à membre, et nous obtenons :

$$x - y + x + y = 6 + 24.$$

Cette équation est à une seule inconnue, puisque les deux termes $-y$ et $+y$ se détruisent ; en la réduisant, elle devient :

$$2\,x = 30,$$
$$\text{d'où} \qquad x = 15.$$

Pour déterminer la valeur numérique de y, on procédera comme pour les exemples précédents, en remplaçant x par sa valeur, dans l'une des deux équations données, et en résolvant cette équation.

OBSERVATION. On aurait pu commencer par déterminer la valeur de y, en éliminant x dans chaque équation ; mais comme cette inconnue a le même signe, on aurait soustrait au lieu d'additionner. Ainsi, en soustrayant la seconde équation B de la première A, on aurait eu :

$$x - y - x - y = 6 - 24,$$

qui se réduit à $\qquad -2y = -18,$

ou $\qquad 2y = 18,$

d'où l'on tire $\qquad y = 9.$

2° EXEMPLE. *Soient les deux équations :*

A $\qquad 8x + 5y = 95,$

B $\qquad 4x + 13 = 3y.$ (1)

SOLUTION. Le *coefficient de l'inconnue* x n'étant pas le même dans les deux équations, nous multiplions l'équation B par 2 (sous-multiple de 8), afin de ramener cette inconnue x au même coefficient ; nous avons alors :

B $\qquad 8x + 26 = 6y.$

Le *signe de l'inconnue* x, que nous voulons éliminer, étant le même dans les deux équations, nous soustrayons ces équations l'une de l'autre, toujours membre à membre, et nous avons : $\quad 8x + 5y - 8x - 26 = 95 - 6y.$
Réduisant on obtient : $\quad 11y = 121,$

d'où $\qquad y = 11.$

---

(1) Nous voyons facilement qu'on peut appliquer à volonté l'une de ces trois méthodes à un exemple quelconque.

Substituant cette valeur à la place de y (multipliée par le coefficient 5 de l'inconnue, on a l'équation : $\quad 8x + 55 = 95$,
qui est une équation à une seule inconnue ; d'où l'on tire facilement : $\quad x = 5$.

Ainsi la valeur de y est **11**, et celle de x est **5**.

Comparaison des trois méthodes d'élimination des inconnues.

90. Maintenant, *si nous comparons les trois méthodes que nous venons de développer*, nous voyons qu'elles ont chacune leurs avantages, suivant la composition des équations à résoudre, et qu'elles se réduisent toutes à la *méthode par combinaison*. Cette méthode est d'ailleurs la plus simple, la plus commode, enfin la plus prompte : elle ne conduit pas à des équations qui renferment des dénominateurs, qu'on est toujours obligé de faire disparaître.

91. Nous engageons les élèves à s'exercer, au moyen de chacune de ces trois méthodes, sur le même exercice ou sur le même problème du premier degré à deux inconnues ou à un plus grand nombre d'inconnues, en procédant comme nous allons l'indiquer plus loin.

CHAPITRE IX.

PROBLÈME DU PREMIER DEGRÉ
A DEUX INCONNUES.

1ᵉʳ PROBLÈME. *Une personne tient des jetons dans chaque main ; on demande le nombre de ces jetons, sachant que si elle fait passer un jeton de la main gauche dans la droite, le nombre de jetons de chaque main sera le même ; et, au contraire, si elle fait passer un jeton de la main droite dans la gauche, la main gauche contiendra un nombre double de jetons que la main droite.*

SOLUTION.

1°. FORMATION DES ÉQUATIONS. Soit x le nombre des jetons de la main gauche, et y celui des jetons de la main droite. En faisant passer un jeton de la main gauche dans la main droite, il y aura le même nombre dans l'une et dans l'autre main ; on pourra donc exprimer cette condition par l'équation : $x - 1 = y + 1$.

Si l'on fait passer un jeton de la main droite dans la main gauche, le nombre des jetons de la main gauche deviendra le double de celui de la droite, et cette seconde condition donnera l'équation : $x + 1 = 2(y - 1)$,

ou $x + 1 = 2y - 2$.

2°. Résolution (par substitution (1)) des équations : $\quad x - 1 = y + 1, \quad$ A

et $\quad x + 1 = 2y - 2. \quad$ B

On prend la valeur de x dans la première A, et l'on a : $\quad x = y + 2. \quad$ C

Substituant $y + 2$ à x dans la seconde B, on obtient : $\quad y + 2 + 1 = 2y - 2.$

De cette équation à une seule inconnue, on tire facilement : $\quad y = 5.$

Substituant 5 à y dans l'une des deux équations A ou B, on a la valeur de x dans l'équation C, on a : $\quad x = 7.$

Ainsi, la main gauche contient 7 jetons, et la droite en contient 5.

Remarque. Pour résoudre tous les problèmes du même genre, on multiplie par 5 et par 7 le nombre qui sert de passage ; les deux produits expriment les nombres demandés. Ainsi, au lieu d'un jeton, si on en avait fait passer 8, le plus petit nombre aurait été 5×8 ou 40, et le plus grand 7×8 ou 56.

2° Problème. *Un nombre de deux chiffres est tel, qu'en le lisant à rebours, il se trouve augmenté de 36 ; et le quart du même nombre égale la somme de ses chiffres. Quel est ce nombre ?*

---

(1) On peut employer indifféremment l'une des trois méthodes d'élimination.

Solution (1).

1°. Formation des équations. Nous représentons par x le chiffre des dizaines, et par y celui des unités. Le nombre proposé se composera de x dizaines plus y unités, ou $10x + y$.

Lisant le nombre à rebours, il devient y dizaines plus x unités, c'est-à-dire, $10y + x$. Or, ce dernier nombre surpasse l'autre de 36 ; on aura par conséquent l'équation :

$$10x + y + 36 = 10y + x.$$

D'après la seconde condition, le quart du nombre primitif égale la somme de ses chiffres ;

Ainsi, $\qquad \dfrac{10x + y}{4} = x + y.$

2°. Résolution (par comparaison de la valeur de y) des équations :

$$10x + y + 36 = 10y + x,$$
$$\text{ou} \quad 9x + 36 = 9y. \ldots \ldots \text{A}$$
$$\frac{10x + y}{4} = x + y,$$
$$\text{ou} \qquad 6x = 3y. \ldots \ldots \text{B}$$

Divisant l'équation A par 9 (2), et l'équation B par 3, on obtient : $\quad x + 4 = y,$
$$\text{et} \qquad 2x = y ;$$

---

(1) Ce problème peut donner une juste idée de l'avantage de l'*Algèbre* sur l'*Arithmétique*, à ceux qui essaieront de le résoudre par l'arithmétique.

(2) Ce qui, ne changeant rien dans la valeur des inconnues, présente l'équation sous une forme plus simple.

équation d'où on tire facilement :
$$x + 4 = 2x \ (1),$$
d'où l'on tire $\qquad x = 4,$
puis $\qquad\qquad y = 8.$

3°. Vérification. Le nombre demandé est 48 ; en lisant ce nombre à rebours, on a 84, qui surpasse 48 de 36 unités ; et en prenant le quart de 48, on a 12, qui égale la somme des deux chiffres 4 et 8 de 48.

3ᵉ **PROBLÈME.** *Une personne a deux sortes de monnaies, l'une de 5 fr., l'autre de 20 fr.; elle désire, avec 30 pièces, composer une somme de 270 fr. ; on demande combien elle doit en employer de l'une et de l'autre sorte?*

Solution.

1°. Formation des équations. Je représente par x le nombre de pièces de 5 francs, et par y celui des pièces de 20 francs. La première condition du problème est exprimée par l'équation : $\qquad x + y = 30 ;$

La seconde condition conduit à l'équation :
$$5x + 20y = 270.$$

2°. Résolution (par la comparaison des valeurs de x) des équations :

$$A \qquad x + y = 30,$$
$$B \qquad 5x + 20y = 270.$$

___

(1) Puisque $2x$ égale y, nous remplaçons y par cette valeur $2x$, pour n'avoir qu'une inconnue.

La valeur de x, dans l'équation A, égale :
$$x = 30 - y.$$
La valeur de x, dans l'équation B, est :
$$x = \frac{270 - 20\,y}{5}.$$

Égalant ces deux valeurs de x, on a :
$$30 - y = \frac{270 - 20\,y}{5},$$

équation à une seule inconnue d'où l'on tire facilement : $\qquad y = 8.$

Cette valeur de y substituée à y dans l'équation A, donne : $\qquad x + 8 = 30,$

$$\text{d'où} \qquad x = 22.$$

Ainsi, la personne doit employer 22 pièces de 5 francs et 8 pièces de 20 francs.

3°. Vérification.

22 pièces de 5 francs donnent 110 francs,
8 — 20 francs — 160 francs,
$110 + 160 = 270$ francs, somme qu'on devait composer.

4e Problème. *Une fraction est telle, qu'en ajoutant 5 à ses deux termes, elle équivaut à* $\frac{4}{7}$, *et qu'en retranchant 5 de chacun des mêmes termes, la fraction ne vaut plus que* $\frac{2}{5}$. *On demande quelle est cette fraction.*

Solution.

1°. Formation des équations. Soit x le numérateur, et y le dénominateur de la fraction.

En ajoutant 5 à chacun de ses termes, la fraction devient $\dfrac{x+5}{y+5}$, et elle équivaut à $\dfrac{4}{5}$. En retranchant 5 de chacun de ses termes, la fraction devient $\dfrac{x-5}{y-5}$, et elle équivaut à $\dfrac{3}{5}$. On a donc les deux équations

$$\frac{x+5}{y+5} = \frac{4}{5},$$

$$\text{et} \quad \frac{x-5}{y-5} = \frac{3}{5}.$$

2°. RÉSOLUTION (par combinaison des équations). Nous faisons d'abord disparaître les dénominateurs, et nous changeons les deux équations en celles-ci :

$$\text{A} \qquad 5x + 5 = 4y,$$
$$\text{B} \qquad 5x - 10 = 3y.$$

Voulant éliminer l'inconnue x, nous soustrayons l'équation B de l'équation A, puisque ces inconnues ont le même signe et le même coefficient, et nous obtenons :

$$5x + 5 - 5x + 10 = 4y - 3y,$$

équation qui se réduit à $\quad 15 = y$,

$$\text{ou} \quad y = 15.$$

Substituant cette valeur de y dans l'équation B (en la multipliant par le coefficient qui affecte cette inconnue), on a :

$$5x - 10 = 45,$$

d'où $\qquad x = 11$.

Ainsi, la fraction demandée est $\frac{11}{15}$.

3°. Vérification.

En ajoutant 5, $\dfrac{11+5}{15+5} = \dfrac{16}{20} = \dfrac{4}{5}$.

En retranchant 5, $\dfrac{11-5}{15-5} = \dfrac{6}{10} = \dfrac{3}{5}$.

5e Problème. *Dix hommes et six femmes ont gagné, en un jour, 21 francs; un autre jour, douze hommes et quatorze femmes ont gagné 32 francs; on demande le gain d'un homme et celui d'une femme.*

Solution.

1°. Formation des équations. Soit x le gain d'un homme, et y celui d'une femme; 10 hommes et 6 femmes gagnant 21 francs en un jour, on aura pour première équation :

$$10\,x + 6\,y = 21.$$

12 hommes et 14 femmes gagnant 32 francs en un jour, on aura pour seconde équation :

$$12\,x + 14\,y = 32.$$

2°. Résolution (par substitution des valeurs) :

A $\qquad 10\,x + 6\,y = 21,$

B $\qquad 12\,x + 14\,y = 32.$

Déterminant dans l'équation A, la valeur de l'inconnue x, en considérant y comme une quantité connue, on a : $\quad x = \dfrac{21 - 6\,y}{10}.$

Multipliant par 12 les deux membres de cette égalité pour obtenir la valeur de $12\,x$ de l'équation B, nous obtenons :

$$12\,x = \frac{252 - 72\,y}{10}.$$

Remplaçant dans l'équation B, la quantité $12\,x$ par son égalité, nous avons :

$$\frac{252 - 72\,y}{10} + 14\,y = 32,$$

qui est une équation à une seule inconnue, d'où l'on tire : $y = 1$.

Prenant l'une quelconque des équations A et B, l'équation A, par exemple, on y substitue la valeur numérique de $6\,y$, ou 6, on obtient :

$$10\,x + 6 = 21,$$

d'où l'on tire facilement la valeur numérique de x, en résolvant cette équation à une seule inconnue ; on a : $x = 1,50$.

Ainsi, la valeur de x ou le gain d'un homme égale 1 fr. 50 cent., et celui de y ou le gain d'une femme égale 1 fr.

3°. Vérification.

    10 hommes gagnent 15
     6 femmes   —   6
                      ————
            Total. . . 21   *1re condition.*

    12 hommes gagnent 18
    14 femmes   —   14
                      ————
            Total . . . 32   *2e condition.*

CHAPITRE X.

RÉSOLUTION DES ÉQUATIONS DU PREMIER DEGRÉ A UN NOMBRE QUELCONQUE D'INCONNUES.
PROBLÈMES.

---

92. Tout ce que nous avons dit plus haut (*relativement aux trois méthodes d'élimination pour les équations du premier degré à deux inconnues*), pouvant s'appliquer aux équations qui ont *trois*, *quatre* et un *plus grand nombre d'inconnues*, nous n'aurons qu'à ajouter peu de mots, afin *de compléter le programme que nous devions suivre pour cet ouvrage.*

93. Prenons *trois équations* à *trois inconnues*; elles nous serviront au développement des divers procédés d'élimination que nous allons reprendre.

EXEMPLE. *Soient les trois équations :*

$$4x - y + 2z = 20. \ldots A$$
$$5x + 3y - 4z = 29. \ldots B$$
$$3x + 2y + 4z = 31. \ldots C$$

Nous commençons par la méthode d'élimination par *substitution des valeurs.*

1°. Élimination par substitution des valeurs.

94. *Pour opérer l'élimination des inconnues d'après cette méthode, nous suivons absolument le procédé indiqué au n° 85. Lorsque nous avons* *déterminé, dans la première équation, la valeur d'une des inconnues en fonction des deux autres, nous la substituons à la place de la même inconnue dans les deux dernières équations ; on obtient alors deux équations à deux inconnues, sur lesquelles on continue l'application du procédé qui leur est relatif.*

95. *La valeur de chaque inconnue étant déterminée, on la substitue à la place des inconnues respectives dans la première équation, ce qui permet de déterminer la première inconnue.*

96. Revenons aux équations proposées.

Nous déterminons la valeur de l'inconnue z dans l'équation A, et nous obtenons :

$$z = \frac{20 + y - 4x}{2}.$$

Substituant cette valeur à la place de z dans les équations B et C, on a :

$$B\ldots \quad 5x + 3y - 4\left(\frac{20 + y - 4x}{2}\right) = 29.$$

$$C\ldots \quad 3x + 2y + 4\left(\frac{20 + y - 4x}{2}\right) = 31.$$

Effectuant les calculs indiqués, et réduisant dans chacune des dernières équations B et C, on obtient :

$$B\ldots \quad 26x + 2y = 138.$$

$$C\ldots \quad -10x + 8y = -18.$$

Déterminant la valeur de l'inconnue y dans l'équation B, on a :

$$y = \frac{138 - 26\,x}{2}.$$

Substituant cette valeur à la place de la quantité y dans l'équation C, on trouve :

$$\text{C} \ldots \quad -10\,x + 8\left(\frac{138 - 26\,x}{2}\right) = -18.$$

Réduisant on a :

$$-20\,x + 1104 - 208\,x = -36,$$

qui est une équation à *une seule inconnue*, d'où l'on tire facilement : $x = 5$.

Maintenant , on substitue la valeur 5 de x dans la valeur précédente de y ,

$$y = \frac{138 - 26\,x}{2},$$

et l'on obtient :

$$y = \frac{138 - (26 \times 5)}{2},$$

d'où $y = 4$.

Enfin , substituant la valeur de y et de x, ou 4 et 5 dans la valeur précédente de z,

$$\text{ou} \quad z = \frac{20 + y - 4\,x}{2},$$

on trouve : $z = \dfrac{20 + 4 - (4 \times 5)}{2}$,

qui donne : $z = 2$.

Ainsi, les trois valeurs déterminées sont :

$$x = 5, \quad y = 4, \quad z = 2.$$

2°. Elimination par comparaison des valeurs.

97. *On opère l'élimination des inconnues, par cette méthode, en déterminant la valeur de la même inconnue dans les trois équations, en égalant la première de ces valeurs à chacune des deux autres : on obtient alors deux équations à deux inconnues, sur lesquelles on opère l'élimination comme nous l'avons indiqué au n° 87.*

EXEMPLE. *Soient encore les trois équations proposées pour la méthode précédente :*

$$4\,x - y + 2\,z = 20 \ldots \ldots A$$
$$5\,x + 3\,y - 4\,z = 29 \ldots \ldots B$$
$$3\,x + 2\,y + 4\,z = 31 \ldots \ldots C$$

Nous déterminons, d'après la règle précédente [91], la valeur de l'inconnue z dans chaque équation A, B, C, et nous trouvons :

$$A \ldots \quad z = \frac{20 - 4\,x + y}{2},$$

$$B \ldots \quad z^{(1)} = \frac{-29 + 5\,x + 3\,y}{4},$$

$$C \ldots \quad z = \frac{31 - 3\,x - 2\,y}{4}.$$

Egalant la première A et la seconde B des valeurs de z, on a :

---

(1) Lorsque la quantité inconnue dont on détermine la valeur, est négative, comme ici ($-4\,z$), pour la rendre positive, on change les signes de toute l'expression.

$$A\ldots\quad \frac{20-4x+y}{2}=\frac{-29+5x+3y}{4}\quad\ldots B$$

Egalant encore la première A et la troisième C de ces valeurs de z, on obtient :

$$A\ldots\quad \frac{20-4x+y}{2}=\frac{31-3x-2y}{4}\quad\ldots C$$

Chassant les dénominateurs, puis opérant les réductions, l'équation A...B et l'équation A...C deviennent :

$$A\ldots\ldots 13x+y=69\ldots\ldots B$$
$$A\ldots\ldots 5x-4y=9\ldots\ldots C$$

Prenant la valeur de y dans chacune de ces équations, on trouve :

$$y=69-13x,$$
$$y^{(1)}=\frac{-9+5x}{4}.$$

Egalant ces deux valeurs de y, on a :

$$69-13y=\frac{-9+5x}{4}.$$

Réduisant dans cette équation, on obtient :
$$57x=285,$$
$$\text{d'où}\quad x=5.$$

En substituant cette valeur de x dans l'une des valeurs de y (dans la première), on trouve :
$$y=69-13\times5,$$
$$\text{d'où}\quad y=4.$$

---

(1) Nous avons encore changé ici les signes de cette équation pour rendre l'inconnue positive.

6

Enfin, en substituant les valeurs de x et de y, dans l'une des trois valeurs de z (dans la première A), on a :

$$A. \quad\dots\quad z = \frac{20 - 4 \times 5 + 4}{2},$$

et en réduisant, on trouve : $z = 2$.

Ainsi, les trois valeurs des inconnues x, y et z, sont encore respectivement 5, 4 et 2, comme par la méthode précédente.

3°. Elimination par combinaison (ou par Addition et par Soustraction).

98. *Pour opérer l'élimination des inconnues par cette troisième méthode, dans trois équations à trois inconnues, on commence par éliminer une inconnue entre la première et la seconde équation; ensuite on élimine la même inconnue entre la première et la troisième; on détermine enfin deux équations à deux inconnues, sur lesquelles on procède comme nous l'avons indiqué au n° 88.*

EXEMPLE. *Reprenons les trois équations proposées pour exemple dans les deux méthodes précédentes :*

$$4x - y + 2z = 20. \dots A$$
$$5x + 3y - 4z = 29. \dots B$$
$$3x + 2y + 4z = 31. \dots C$$

Nous commençons par éliminer z, entre la première et la seconde équation : pour cela, il nous suffit de multiplier cette première équation par 2, pour ramener $2z$ au même coefficient que cette inconnue dans la seconde ; on obtient donc :

$$8\,x - 2\,y + 4\,z = 40. \ldots . \ \text{A}$$

Les signes de l'inconnue z étant différents dans les deux équations A et B, nous ajoutons ces deux équations, et après avoir réduit, nous obtenons :

$$13\,x + y = 69. \ldots . \ \text{D}$$

Afin d'éliminer z entre la première A et la troisième équation C, on multiplie encore la première équation par 2, et comme les signes des inconnues z sont les mêmes, on soustrait l'une de ces équations de l'autre (*la troisième C, par exemple, de la première A*), on obtient alors pour résultat, après avoir réduit :

$$5\,x - 4\,y = 9. \ldots . \ \text{E}$$

Faisant maintenant l'application de la méthode du n° 88, sur deux équations à deux inconnues, D et E :

$$\text{D.} \ldots \ 13\,x + y = 69,$$
$$\text{E.} \ldots \ 5\,x - 4\,y = 9,$$

nous éliminons y, en multipliant d'abord l'équation D par 4, pour avoir le même coefficient de y dans les deux équations ; puis, comme cette inconnue y est affectée d'un signe différent, nous faisons la somme de ces équations, où nous obtenons, après avoir réduit :

$$57\,x = 285,$$
$$\text{d'où} \qquad x = 5.$$

Substituant cette valeur de x dans l'équation E, on a : $5 \times 5 - 4y = 9$,

d'où $y = 4$.

Enfin, substituant la valeur 4 de y et la valeur 5 de x, dans l'une des trois équations données (dans la première A, par exemple), on a :

$$4 \times 5 - 4 + 2z = 20. \ldots A$$

d'où $z = 2$.

Ainsi, par cette troisième méthode comme par les deux précédentes :

$$x = 5, \quad y = 4, \quad z = 2.$$

Remarque. Pour opérer convenablement sur trois équations à trois inconnues, au moyen de l'une de ces trois méthodes, on suivra exactement le détail que nous présentons sur la méthode adoptée, en modifiant toutefois le procédé relativement aux *signes* et aux *coefficients* des inconnues.

99. Lorsque l'on a *quatre équations* et *quatre inconnues*, on tire de l'une des équations la valeur provisoire de l'une quelconque des inconnues, puis (*en prenant une des trois méthodes d'élimination*), on substitue cette valeur à l'inconnue dans les trois autres équations; on déduit ensuite, de ces trois équations, deux autres équations à deux inconnues, pour terminer par une seule équation à une inconnue.

100. Le même procédé serait suivi, si l'on avait *cinq, six, etc., inconnues*; il faudrait toutefois obtenir autant d'équations distinctes que d'inconnues, car autrement la question serait *indéterminée* (1).

OBSERVATION. Pour terminer ce chapitre, nous donnons cinq problèmes sur les *équations à trois inconnues*. Les amateurs de calculs devront bien s'exercer sur les problèmes qui font l'objet de la troisième partie de cet ouvrage, pour être en état de résoudre avec facilité un grand nombre de questions d'algèbre. Ils trouveront dans le volume (2) des *Solutions raisonnées* des problèmes d'algèbre, CENT PROBLÈMES VARIÉS suivis immédiatement de leurs solutions raisonnées ; ces problèmes pourront servir pour compositions aux élèves qui doivent être initiés aux principes algébriques.

1er PROBLÈME. JOSEPH, PAUL *et* VINCENT *ont chacun une certaine somme, tellement que celle de* JOSEPH *plus* 5 *fois celle des deux autres, celle de* PAUL *plus* 3 *fois celle des deux autres, et celle de* VINCENT *plus* 4 *fois celle des deux autres, forment trois sommes égales chacune à* 3700 *fr. Quelle est la somme de chacun d'eux ?*

---

(1) Voir notre COURS COMPLET D'ALGÈBRE ÉLÉMENTAIRE, chapitre VI, sur les *solutions indéterminées.*

(2) Ce volume fait partie de la *Petite Bibliothèque des classes primaires.*

6.

SOLUTION.

FORMATION DES ÉQUATIONS (1). Soit x, la somme que possède JOSEPH, y celle de PAUL, et z celle de VINCENT ; on aura les trois équations suivantes, d'après les données du problème.

$$\text{A.} \ldots \quad x + 5y + 5z = 3700,$$
$$\text{B.} \ldots \quad y + 3x + 3z = 3700,$$
$$\text{C.} \ldots \quad z + 4x + 4y = 3700,$$

d'où l'on peut facilement tirer :

$$x = 700, \quad y = 100, \quad z = 500.$$

2ᵉ PROBLÈME. *On a acheté trois chevaux ; le prix du premier plus la moitié du prix des deux autres égale 530 fr. ; le prix du deuxième plus le tiers du prix des deux autres égale 460 fr. ; et le prix du troisième plus le quart du prix des deux autres égale 430 fr. Quel est le prix de chacun ?*

SOLUTION.

FORMATION DES ÉQUATIONS. Soient x, y et z, les différents prix de ces trois chevaux, on aura pour équations :

$$\text{A.} \ldots \quad x + \tfrac{1}{2}(y + z) = 530,$$
$$\text{B.} \ldots \quad y + \tfrac{1}{3}(x + z) = 460,$$
$$\text{C.} \ldots \quad z + \tfrac{1}{4}(x + y) = 430,$$

---

(1) Dans les problèmes que nous allons présenter, nous indiquerons simplement les équations ; il sera facile de les résoudre par l'une des trois méthodes qui précèdent.

d'où l'on tire successivement :

$$x = 240, \quad y = 280, \quad z = 300.$$

3ᵉ PROBLÈME. *On propose de partager le nombre 100 en trois parties telles qu'en les multipliant respectivement par trois, cinq et sept, puis augmentant les produits respectifs de 11, de 55 et de 98, et divisant ensuite les sommes respectives par quatre, six et huit, on obtienne des résultats égaux.*

SOLUTION.

FORMATION DES ÉQUATIONS. Soient x, y et z, les trois parties ; leur somme devant égaler 100, on aura : $\quad x + y + z = 100.$

Effectuant sur chacune d'elles les *multiplications*, les *additions* et les *divisions* indiquées, on aura les résultats égaux :

$$\frac{3x + 11}{4} = \frac{5y + 55}{6} = \frac{7x + 98}{8},$$

d'où l'on tire : $\quad x = 43, \quad y = 31, \quad z = 26.$

4ᵉ PROBLÈME. *Trois canoniers ont tiré trois différents nombres de coups de canon : le premier et le second en ont tiré ensemble 20 de plus que le troisième ; le second et le troisième 32 de plus que le premier ; le premier et le troisième 28 de plus que le second : On demande les trois nombres.*

SOLUTION.

FORMATION DES ÉQUATIONS. Soient x, y et z, les nombres des coups de canon tirés respectivement par chacun des canoniers ; le premier et le second en ayant tiré en semble 20 de plus que le troisième, on a :

$$x + y = z + 20 ;$$

Le second et le troisième en ayant tiré 32 de plus que le premier, on a pour équation :

$$y + z = x + 32 ;$$

Enfin, le premier et le troisième en ayant tiré 28 de plus que le second, on a :

$$x + z = y + 28 ,$$

d'où l'on tire des trois équations précédentes :

$$x = 24 , \quad y = 26 , \quad z = 30 .$$

5ᵉ **PROBLÈME.** *Sept hommes et huit femmes ont dépensé 82 francs ; neuf femmes et sept enfants en ont dépensé 73 ; enfin, huit hommes et cinq enfants ont dépensé 68 fr. Quelle est la dépense d'un homme, d'une femme et d'un enfant ?*

SOLUTION.

FORMATION DES ÉQUATIONS. Soit x la dépense d'un homme, y celle d'une femme, et z celle d'un enfant, on aura successivement les équations :

$$7x + 8y = 82 ,$$
$$9y + 7z = 73 ,$$
$$8x + 5z = 68 ,$$

d'où l'on tire les valeurs :

$$x = 6 , \quad y = 5 , \quad z = 4 .$$

ALGÈBRE.

TROISIÈME PARTIE.

RECUEIL [1]
DE
PROBLÈMES CURIEUX ET INTÉRESSANTS.

PREMIÈRE SÉRIE.

Problèmes du premier degré à une seule inconnue.

1. On propose de partager le nombre 100 en cinq nombres, dont chacun diffère de trois unités du précédent.

2. Les 3/9, plus les 5/6 d'un nombre, plus 90, donnent une somme qui égale le double de ce nombre : Quel est ce nombre ?

3. Une personne revient du marché avec des pommes dans un panier ; on lui demande le nombre de pommes qu'elle possède, et elle répond : Je vais en mettre 9 en compote et 5 en beignets ; or, si maintenant vous triplez le reste, vous aurez le nombre des pommes que j'apporte. Combien en avait-elle ?

---

(1) Ce Recueil de Problèmes est un choix des questions les plus intéressantes proposées par les algébristes anciens ; elles ont été reproduites par les auteurs modernes les plus estimés.

4. Partager le nombre 7 en deux parties de manière que la plus grande surpasse la plus petite de trois unités.

5. Bernard disait un jour : Si je possédais 5 francs de plus de ce que j'ai, j'aurais une somme qui serait autant au-dessus de 12 qu'elle est actuellement au-dessous de 13. Combien avait-il de francs ?

6. Un père laisse quatre fils et 8600 francs. Suivant le testament, la part de l'aîné doit être double de celle du second, moins 100 fr.; le second doit recevoir trois fois autant que le troisième, moins 200 fr., et le troisième doit recevoir quatre fois autant que le quatrième, moins 300 fr. : On demande la part de chaque enfant ?

7. On propose de partager 1300 fr. entre trois personnes, de manière que la première ait 48 fr. de plus que la seconde, et celle-ci 20 fr. de plus que la troisième. On demande ce qu'il revient à chacune ?

8. Quels sont les deux nombres dont la somme est 12 et la différence 4 ?

9. On propose de partager a en deux parties, telle que la plus grande surpasse de b la plus petite.

10. On demande un nombre tel, qu'en le soustrayant de 37 et en multipliant le reste par 3, on ait le même résultat que lorsqu'on y ajoute 27 et qu'on le divise par 5.

11. Une mère interrogée sur l'âge de sa fille, répond : Si du double de son âge actuel vous retranchez le triple de celui qu'elle avait il y a 6 ans, vous aurez son âge actuel : Trouvez cet âge.

12. Un homme laisse 11,000 fr. à partager entre sa veuve, deux fils et trois filles. Il veut que la mère reçoive deux fois la portion d'un fils, et qu'un fils reçoive

deux fois autant qu'une fille : On demande combien
il revient à chacune de ces personnes ?

13. Un amateur de calcul observait en se levant que le
quantième du mois (ce mois avait 30 jours) était
égal au 1/3 du nombre de jours écoulés, plus la
moitié du nombre de jours qui restait à écouler :
Quel était ce quantième ?

14. Un oncle a 4 fois autant d'âge que son neveu, et la
somme des deux âges surpasse de 30 ans le triple
de l'âge du neveu : Quel est l'âge de chacun ?

15. De deux frères, l'aîné a 10 ans de plus que le cadet ;
l'âge de leur mère égale la somme de leurs âges, et
ils ont ensemble 76 ans : Quel est l'âge de chacun ?

16. Un père veut, par son testament, que ses trois fils
partagent son bien de la manière suivante : L'aîné
doit recevoir 1000 fr. de moins que la moitié de
tout l'héritage ; le second aura 800 fr. de moins que
le tiers de tout le bien, et le troisième prendra
600 fr. de moins que le quart du bien : On demande le montant de l'héritage, et la part de chaque
héritier ?

17. Un marchand a deux espèces de thé ; la première espèce coûte 7 fr. le demi-kilogramme ; la seconde
qualité vaut 9 fr. le kilogramme : Combien doit-il
en prendre de chaque espèce pour en former une
caisse de 50 kilogrammes qui vaille 840 francs ?

13. Un lévrier poursuit un lièvre qui a sur lui 100 mètres
d'avance. Pendant que le lièvre fait 3 sauts, le
lévrier en fait 2, et 3 sauts du lévrier en valent 5
du lièvre, tandis qu'en 8 sauts le lévrier parcourt 6
mètres : Combien de mètres fera le lévrier pour
atteindre le lièvre ?

19. Quelqu'un demandait un jour à Pithagore le nombre de ses élèves; ce philosophe répondit : La moitié étudie les mathématiques, le quart, la musique, le septième garde le silence; ajoutez encore trois femmes et calculez ce nombre.

20. Un père laisse quatre fils qui partagent son bien de la manière qui suit : Le premier prend la moitié de l'héritage, moins 3000 fr.; le second prend le tiers, moins 1000 fr.; le troisième prend exactement le quart du bien; le quatrième prend 600 fr. et le cinquième du bien : De combien était l'héritage, et quelle était la part de chaque fils ?

21. On demande un nombre qui, diminué de 30 d'une part et de 100 d'autre part, donne deux restes dont le premier soit le triple du deuxième.

22. La tête d'un poisson a 9 centimètres de long ; la queue est aussi longue que la tête et la moitié du corps, et le corps a la même longueur que la tête et la queue ensemble : Quelle est la longueur de la queue et celle du corps?

23. On propose de partager le nombre 32 en deux parties telles, que si l'on divise la moindre de chacune d'elles par 6, et la plus grande par 5, les deux quotients pris ensemble fassent 6.

24. On veut partager 360 entre 4 personnes, de manière que la deuxième ait le triple de la première, la troisième le double de la deuxième, et la quatrième la moitié de ce qu'ont les trois autres ensemble : Que revient-il à chacun ?

25. Cherchez deux nombres, sachant que le plus petit est le tiers du plus grand, et qu'ils sont tels que si on ôte le plus petit de 16 et le plus grand de 30, les restes seront égaux.

26. Un bassin est alimenté par deux fontaines ; la première le remplirait en 8 heures et la seconde en 6 heures : Combien de temps mettront-elles pour le remplir, si elles coulent ensemble ?

27. Un homme veut vendre un cheval, un jardin et une maison, et du tout ensemble il veut avoir 10,000 francs ; cependant le jardin vaut quatre fois autant que le cheval, et la maison 5 fois autant que le jardin : On demande combien il doit vendre chacun séparément ?

28. Un père, interrogé sur l'âge de son fils, répond : Mon âge est le triple de celui de mon fils ; et il y a 10 ans, il en était le quintuple : On demande l'âge du fils.

29. On demande le prix d'une canne dont le double du prix ôté de 18 francs, donne un reste égal au triple de son prix, plus 3 ?

30. Une marchande vend à une première personne la moitié de ses œufs plus la moitié d'un ; à une seconde, elle cède la moitié de ce qui lui reste plus la moitié d'un ; à une troisième, la moitié de ce qui lui reste encore plus la moitié d'un : Sachant qu'elle s'en retourne avec trois douzaines d'œufs, combien en avait-elle ?

31. Un joueur disait en sortant du jeu : Si j'avais gagné 3 fr. de plus, j'aurais triplé les francs que j'avais avant de jouer, et j'en aurais actuellement 12 : Combien avait-il gagné ?

32. Quelqu'un achète 12 pièces de drap pour 140 fr., deux sont blanches, trois sont noires et sept sont bleues. Une pièce de drap noir coûte 2 fr. de plus qu'une pièce de drap blanc, et une pièce de drap bleu coûte 3 fr. de plus qu'une pièce de drap noir : On demande le prix de chaque sorte ?

7

33. Une personne ayant perdu sa bourse, quelqu'un lui demande combien elle contenait. La personne répond : Divisez le quintuple de son contenu par les 6 fr. que j'ai promis pour récompense, et ce contenu se trouvera diminué de 4 fr. Combien y avait-il dans cette bourse ?

34. Trouver un nombre tel que si je le multiplie par 5, le produit soit autant au-dessous de 40 que le nombre lui-même est au-dessous de 12.

35. Une marchande de fruits apporte des pommes au marché ; elle en vend le 1/4 de la totalité dans une maison, et 25 dans une autre. Si maintenant on triple ce qui lui reste, on reproduira le contenu primitif du pannier : Combien cette marchande avait-elle de pommes ?

36. Une veuve, d'après le testament de son mari, a 7500 francs à partager avec ses 5 enfants, deux garçons et trois filles ; la part des garçons doit être double de celle des filles, et la sienne égale à celle de tous les enfants, avec 500 francs de plus : Combien lui revient-il, ainsi qu'à chacun de ses enfants ?

37. Un professeur dit à ses élèves : Je pense un nombre, devinez-le, sachant qu'en multipliant ce nombre par 5, retranchant 24 du produit, puis divisant le reste par 6, et ajoutant 13 au quotient, on compose ce nombre.

38. On emploie trois ouvriers, dont le premier fait 10 mètres d'ouvrage par jour, le second 14 mètres, et le troisième 16 mètres : Combien de temps ces trois ouvriers réunis mettront-ils pour faire 100 mètres ?

39. Quelqu'un a du vin dans deux tonneaux, l'un en contient 24 litres de plus que l'autre ; il tire du premier un huitième de ce qu'il renferme, et du second la même quantité que du premier, après quoi il ne reste plus dans les deux tonneaux que 88 litres : Combien y avait-il de litres dans chacun de ces tonneaux ?

40. Une marchande ayant apporté un panier d'abricots, en vend d'abord 20, puis la dixième parti du reste ; alors, en ayant mangé 3, elle trouve qu'elle n'en a plus que les 3/4 de ce qu'elle avait apporté : Combien avait-elle d'abricots en arrivant au marché ?

DEUXIÈME SÉRIE.

Problèmes du premier degré à deux inconnues.

41. On demande deux nombres tels qu'en ajoutant le se- à 11 fois le premier, la somme soit 96 ; et qu'en ajoutant le premier à 5 fois le second, la somme égale 102.

42. Un nombre de deux chiffres est tel, qu'en y ajoutant 9, on obtient ce nombre renversé ; et qu'en le diminuadt de 9, on a pour reste 4 fois la somme de ses chiffres : Quel est ce nombre ?

43. Un fondeur a deux lingots de cuivre ; sachant que les 2/3 du premier pèsent 96 kilogrammes de moins que les 3/4 du deuxième ; et que les 5/8 de celui-ci pèsent précisément autant que les 4/9 du premier : On demande le poids de l'un et de l'autre lingot ?

44. Trouvez deux nombres dont la différence égale la septième partie de leur somme, et dont la somme, jointe à 4 fois la différence, égale 44.

45. On a une fraction dont le numérateur et le dénominateur réunis font 3,640, et en la réduisant à la plus simple expression, les deux termes joints ensemble donnent 280, tandis que la différence des deux dénominateurs est 1884 : Quelle est la fraction primitive ?

46. Deux nombres sont tels, que la sixième partie du premier jointe à la onzième partie du second, fait 26, tandis que la moitié du premier, moins la septième partie du second, égale 46 : Quels sont ces deux nombres ?

47. Un professeur voulant donner des pommes à ses élèves, leur dit : Pour en donner 5 à chacun de vous, il m'en faudrait 10 de plus, et si je ne vous en donne que 4, j'en aurai 2 de trop : Combien ce professeur a-t-il d'élèves et de pommes ?

48. On propose de payer 26 fr. avec 10 pièces en partie de 5 fr. et en partie de 2 fr. Combien prendra-t-on de chaque pièce ?

49. On a rempli en 12 minutes un vase contenant 39 litres d'eau, en faisant couler successivement deux fontaines, dont l'une fournissait 4 litres par minute et l'autre 3 : On demande pendant combien de minutes chaque fontaine a coulé.

50. On a payé, pour 8 kilog. d'une première espèce de marchandise, et pour 19 kilog. d'une deuxième espèce, la somme de 16 fr. 45 c.; une autre fois, on a donné 23 fr. 80 c. pour 20 kilog. de la première et 16 kilog. de la deuxième : Quel est le prix de chaque marchandise ?

51. Quelqu'un interrogé sur son âge fit cette réponse : En multipliant mon âge par un certain nombre, et en diminuant le produit du quintuple de mon âge, ou bien en divisant mon âge par ce même nombre, et en y ajoutant les 5 sixièmes de mon âge, on obtient également le nombre de mes années : Quel âge avait-il ?

52 Hiéron, roi de Syracuse, voulant offrir une couronne à Jupiter, la fit faire par un orfèvre à qui il donna 10 livres d'or. La couronne étant finie, il la pesa et trouva qu'elle pesait effectivement 10 livres; mais soupçonnant qu'on pouvait y avoir introduit de l'alliage, il consulta Archimède. Ce dernier, sachant que l'or perd un quart de son poids dans l'eau, et l'argent un tiers, plongea la couronne dans l'eau et trouva qu'elle ne pesait que 7 livres : On demande combien il y avait de livres de chaque métal dans cette couronne.

53. Quelqu'un achète un certain nombre de mètres d'une étoffe dont on ignore le prix ; on sait seulement que s'il eût acheté 5 mètres de plus d'une étoffe qui coûte 3 fr. de moins, il aurait payé le même prix ; mais qu'en achetant 6 mètres de plus d'une étoffe qui coûte 4 fr. de moins, il aurait payé 13 fr. de moins : On demande combien il a acheté d'étoffe et à quel prix.

54. On a partagé 8000 fr. entre deux frères, à condition que plus ils ont d'âge, moins ils reçoivent, et le cadet a reçu 2000 fr. de plus que l'aîné. Si le cadet avait eu quatre ans de plus et l'aîné quatre ans de moins, ils auraient reçu des parts égales : Quel est l'âge et la part de chaque frère ?

55. Si des deux termes d'une fraction qui peut se réduire à 4/5, on retranche respectivement les deux termes d'une autre fraction qui peut se réduire à 6/7, on aura une nouvelle fraction équivalente à

2/8 , et dont la somme des termes sera 20 : Quelles sont les deux premières fractions ?

56. Jean, Pierre et Victor ont chacun une certaine somme, tellement que celle de Jean plus 5 fois celles des deux autres, celle de Pierre plus trois celles des deux autres, et celle de Victor plus 4 fois celles des deux autres, forment trois sommes égales chacune à 3700 francs : Quelle est la somme de chacun d'eux ?

57. Sept hommes et huit femmes ont dépensé 82 francs ; neuf femmes et sept enfants en ont dépensé 73 ; et huit hommes et cinq enfants, 68 francs : Quelle est la dépense d'un homme, d'une femme et d'un enfant ?

58. On a acheté trois chevaux ; le prix du premier, plus la moitié du prix des deux autres, égale 530 fr.; le prix du deuxième, plus le tiers du prix des deux autres, égale 460 fr.; et le prix du troisième, plus le quart du prix des deux autres, égale 430 fr. : Quel est le prix de chacun ?

59. Trois canonniers ont tiré trois différents nombres de coups de canon : le premier et le second en ont tiré ensemble 20 de plus le troisième ; le second et le troisième, 32 de plus que le premier ; le premier et le troisième, 28 de plus que le second : On demande les trois nombres ?

60. Six cents élèves occupent quatre étages d'un pensionnat : Il y a au premier 2 fois autant d'élèves qu'au quatrième ; le nombre des élèves du second et du troisième réunis est égal à celui des élèves du premier et du quatrième pris ensemble ; et il y a au troisième 5 fois l'excédant du nombre des élèves sur celui des élèves du second : Combien y a-t-il d'élèves à chaque étage ?

61. Deux nombres sont tels que la sixième partie du premier jointe à la onzième partie du second fait 26, tandis que la moitié du premier moins la septième partie du second égale 46 : Quels sont ces deux nombres ?

62. En soustrayant 45 d'un nombre composé de deux chiffres, on obtient un reste égal à ce nombre renversé. Si l'on ajoute 5 au chiffre des dizaines et qu'on prenne le tiers de la somme, on aura le double du chiffre des unités : Quel est le nombre qui jouit de ces propriétés ?

63. Quels sont les deux nombres qui répondent aux conditions suivantes : On multiplie le plus grand par 5, puis on y joint le plus petit ; on multiplie la somme par 7, puis on y joint le plus grand ; enfin, on multiplie cette dernière somme par 11 et l'on y joint le plus petit : on a alors pour résultat le nombre 14070. En second lieu, on multiplie le plus petit par 5, puis on y joint le plus grand ; on multiplie la somme par 7, puis on y joint le plus petit ; enfin, on multiplie cette dernière somme par 11 et l'on y joint le plus grand ; on obtient alors le nombre 11526.

64 On a observé que si ALEXANDRE-LE-GRAND fût mort 9 ans plus tôt, il aurait régné pendant le huitième de sa vie ; tandis que s'il eût vécu 9 ans de plus, il aurait régné pendant la moitié de sa vie : On demande de déterminer combien de temps il a régné et combien il a vécu.

65. Un nombre de deux chiffres est tel qu'en y ajoutant 9, on obtient ce nombre renversé, et qu'en le diminuant de 9, on a pour reste 4 fois la somme de ses chiffres : Quel est ce nombre ?

66. Une fille ayant interrogé sa mère sur son âge, celle-ci lui répondit : Il y a 7 ans que mon âge était le quadruple du vôtre, et dans 7 ans d'ici, mon âge sera le double du vôtre : On demande l'âge de chacune ?

67. On demande deux nombres, tels que la somme de 7 fois le premier, plus 5 fois le second égale 332 ; et que le produit de leur différence par 39 égale 312.

68. En réduisant à la plus simple expression une fraction dont le dénominateur surpasse le numérateur de 3534, la différence entre l'ancien et le nouveau numérateur égale 3810, et la différence entre l'ancien et le nouveau dénominateur égale 7230 : Quelle est cette fraction ?

69. Si l'on ajoute 7 aux deux termes d'une fraction, elle devient égale à 2/3, et en retranchant 3 de ses deux termes, on obtient 1/4 : Quelle est cette fraction ?

TROISIÈME SÉRIE.

Problèmes du premier degré à trois ou à un nombre quelconque d'inconnues.

70. Dans un troupeau de bétail, le nombre des chèvres égale le quart du reste augmenté de 1, le nombre des vaches égale la moitié du reste augmenté de 1, et le nombre des moutons égale les 6 septièmes du reste augmenté de 1 : On demande combien il y a d'animaux de chaque espèce ?

71. Dans un pensionnat, 600 élèves occupent quatre étages. Il y a au premier 2 fois autant d'élèves qu'au quatrième ; le nombre des élèves du second et du troisième réunis est égal à celui des élèves du premier et du quatrième pris ensemble ; et il y a au troisième 5 fois l'excédant du nombre des élèves du premier sur celui des élèves du second : Combien y a-t-il d'élèves à chaque étage ?

72. Trois joueurs font trois parties; chacun d'eux perd à son tour, tellement que le premier perd la première partie, le second la seconde, et le troisième la troisième, et qu'à chaque partie les deux autres doublent leur argent. Ils se retirent avec chacun 60 fr. : Combien avaient-ils en commençant ?

73. On a acheté premièrement 5 mesures de froment, 4 de seigle et 3 d'avoine pour 147 fr.; secondement, 8 mesures de froment, 6 de seigle et 5 d'avoine pour 232 fr.; troisièmement, 9 mesures de froment, 7 de seigle et 6 d'avoine pour 267 fr. : Quel est le prix de la mesure de chaque graine ?

74. La poudre à canon est composée de salpêtre, de soufre et de charbon. Le mélange est tel que le salpêtre égale le triple du soufre et du charbon, et le soufre égale le charbon : Quelle est la proportion du mélange dans 100 kilogrammes ?

75. Un père lègue sa fortune à ses enfants et à sa veuve comme il suit : Le premier prendra le 1/3 de l'héritage plus 4000 fr.; le deuxième prendra le 1/4 de la part du premier moins 2000 fr.; le troisième prendra la moitié de la somme des deux premières parts, et le reste de l'héritage appartiendra à la veuve, qui se trouve avoir 31,500 fr. : Quelle est la valeur de l'héritage et celle de la part de chaque enfant ?

76. Trois vases contiennent ensemble 12 litres d'eau. On prend la moitié de ce que contient le premier pour le verser dans le second; on prend ensuite le tiers de ce que contient alors le second pour le verser dans le troisième ; on prend enfin le quart de ce que contient alors le troisième pour le verser dans le premier. Il se trouve alors que l'eau est également partagée entre les trois vases : On demande ce que chacun d'eux contenait primitivement ?

77. On demandait à quelqu'un son âge et celui de son père et de son aïeul ; il répondit : Mon âge et celui de mon père réunis font 56 ans ; celui de mon père et de mon aïeul égalent 100 ans. et celui de mon grand-père et le mien font 80 : Quel est l'âge de chacun ?

78. Trois personnes ont acheté un bien pour 50,000 fr. La première pourrait, à elle seule, payer cette acquisition, si elle avait la moitié de l'argent qu'a la seconde ; la seconde le pourrait aussi à elle seule si elle avait le tiers de ce qu'a la première ; enfin, la troisième le pourrait aussi à elle seule, si elle avait le quart de l'argent qu'a la première : Quel est l'argent de chacune ?

79. On propose de partager le nombre 117 en quatre parties, telles que la première plus le tiers des trois autres, la seconde plus le quart des trois autres, et la troisième plus le cinquième des trois autres donnent trois résultats égaux.

QUATRIÈME SÉRIE.

Problèmes divers de récapitulation.

80. Un père qui a trois fils leur laisse 1600 fr. Le testament porte que l'aîné aura 200 fr. de plus que le puîné, et que celui-ci aura 100 fr. de plus que le cadet : On demande quelle sera la portion de chacun ?

81. On demande un nombre tel que, si on y ajoute sa

moitié, la somme surpasse 60 d'autant que le nombre lui-même est au-dessous de 65.

82. J'ai acheté plusieurs mètres de drap à raison de 7 fr. pour cinq mètres ; j'ai revendu de ce drap à raison de 11 fr. pour sept mètres et j'ai gagné 100 fr. sur le tout : Combien ai-je acheté de mètres de drap ?

83. On propose de partager 48 en neuf parties, de façon que l'une soit toujours de 1/2 plus grande que la précédente.

84. Un individu interrogé sur son âge répond : Mon fils aîné a le double de l'âge de mon fils cadet, et deux ans avec ; quant à moi, j'ai trois fois l'âge de mon fils aîné, moins 6 ans : Quel est l'âge du père et celui de chacun de ses fils, sachant que la somme totale de leurs années est de 101 ans ?

85. On propose de partager un nombre a en deux parties, qui soient entre elles comme m est à n.

86. Un bassin, dont la capacité est de 1300 litres, renferme déjà 500 litres d'eau. Il y a une ouverture par laquelle il s'échappe 200 litres d'eau dans trois heures ; mais il reçoit l'eau d'un canal qui déverse 250 litres par heure : On demande le temps que mettra ce canal pour emplir le bassin ?

87. On veut former la longueur du mètre en plaçant 45 pièces d'or de 20 fr. et de 40 fr. les unes à la suite des autres ; leurs diamètres respectifs étant de 21 et 26 millim. : Quel sera le nombre de chaque pièce ?

88. Un nombre est formé de 3 chiffres, leur somme est 12 ; Le chiffre des dizaines est quadruple de celui de unités, et si l'on renverse les chiffres, on a encore le même nombre : Quel est ce nombre ?

89. Trois joueurs conviennent que le perdant doublera l'argent des deux autres. Chaque joueur perd une partie dans l'ordre indiqué par le rang des joueurs ; il reste au premier 24 fr., au second 28 fr. et au troisième 14 fr. : Quel était l'enjeu de chaque joueur à la première partie ?

90. Un père disait à son fils : Voici quatre bourses ; elles contiennent ensemble 90fr. Si je mettais 5 fr. dans la première , si j'ôtais 4 fr. de la seconde, si je triplais l'argent de la troisième , si j'ôtais la moitié du contenu de la quatrième, chaque bourse contiendrait alors la même somme : Combien y a-t-il d'argent dans chaque bourse ?

91. Une somme inconnue doit être partagée entre un nombre inconnu de personnes de la manière suivante : La première prélève 1000 fr. sur la somme à partager , et prend le sixième du reste ; la deuxième prélève une somme de 2000 fr., et prend le sixième de ce qui reste , après qu'on a soustrait la première part et les 2000 fr.; la troisième prend à son tour 3000 fr. sur ce qui reste de la somme à partager et le sixième du nouveau reste, et ainsi de suite , chaque personne prenant toujours 1000 fr. de plus que la précédente et le sixième du nouveau reste. Après le partage, toutes les parts sont égales : Quelle est 1°. la somme à partager ; 2°. la part de chaque personne ; 3°. le nombre des personnes ?

92. Un nombre est formé de trois chiffres dont la somme est égale à 13. Sachant que la différence qui existe entre le chiffre des dizaines et celui des unités est 2, et que le chiffre des centaines vaut la moitié de celui des dizaines : On demande ce nombre.

93. Une paysanne apporte à la ville un panier d'œufs. Elle en vend 1/4 dans une maison et 25 dans une autre. Si l'on triple ce qui lui reste , on reproduit le contenu du panier : Quel est ce contenu ?

94. La somme de deux nombres jointe à leur différence égale 100, et leur différence jointe à leur quotient égale 45 : Quels sont ces nombres ?

95. On veut imprimer un livre dont le nombre de lignes dans chaque page et celui de lettres dans chaque ligne sont déterminées ; si l'on avait mis 3 lignes de plus par page et 4 lettres de plus par ligne, la page aurait contenu 224 lettres de plus ; en mettant 2 lignes de moins par page et 3 lettres de moins par ligne, la page aurait contenu 145 lettres de moins : On demande combien on a mis de lignes à la page et de lettres à la ligne.

96. ALEXANDRE., BENOIT et CHARLES comparent leurs fortunes. ALEXANDRE dit à BENOIT : Donne-moi 700 fr. de ton argent, et j'aurai deux fois autant d'argent que toi. BENOIT dit à CHARLES : Donne-moi 1400 fr., et j'aurai trois fois autant que toi. CHARLES dit à ALEXANDRE : Donne-moi 420 fr., j'aurais cinq fois autant que ce qui t'appartient : On demande la somme de chacun.

97. On propose de partager une somme inconnue entre 4 personnes de la manière suivante: La première prendra 8,100 fr. sur la somme et le quart du reste; la seconde, 8,100 fr. sur la somme qui reste et le quart du nouveau reste ; la troisième prend trois fois 8,100 fr. sur ce qui reste et le quart du nouveau reste; enfin, la quatrième prend sur ce qui reste quatre fois 8,100 fr. et le quart du nouveau reste : la somme est alors entièrement partagée : Quelle est cette somme ?

98. On a mis 81 litres de vin dans trois vases : si l'on verse du premier dans les deux autres de manière à tripler la quantité de vin que chacun d'eux renfermait d'abord, et qu'ensuite on fasse la même chose avec le second vase , puis avec le troisième, on aura la même quantité de vin dans chaque vase : Combien chaque vase contenait-il primitivement ?

99. En 1812, il s'était écoulé, depuis la mort de Newton, autant d'années que ce savant a vécu. Si Descartes eût vécu 15 ans de plus , il aurait eu les deux tiers de son âge au moment de la mort de Newton , qui était au 17e de son âge trois ans avant la mort de Descartes. Enfin, 23 ans après la mort de Newton, il y avait un siècle que Descartes avait cessé de vivre : On demande les époques de la naissance et de la mort de ces deux grands mathématiciens.

100. On propose de trouver les deux termes de deux fractions dont la somme est 15 seizièmes et la différence 9 seizièmes, sachant que la somme des numérateurs est 6 , et celle des dénominateurs 20.

101. Si l'on range un peloton de soldats 7 à 7 , il en reste 1 , et si on les range 11 à 11, il en reste 10 ; sachant que le nombre des rangées 7 à 7 surpasse de 3 celui des rangées 11 à 11, on demande le nombre d'hommes de ce peloton.

102. Les deux termes d'une fraction peuvent se réduire à 4 cinquièmes. Si de ces deux termes on retranche respectivement les deux termes d'une autre fraction qui peut se réduire à 6 septièmes, on aura une nouvelle fraction équivalente à 2 tiers, et la somme des termes sera 20 : Quelles sont les deux premières fractions ?

103. Six héritiers se partagent une succession : le premier en prend 1 onzième plus 5000 fr. ; le second prend 1 onzième du restant, plus 6000 fr.; le troisième prend 1 onzième du restant, plus 7000 fr. ; le quatrième prend 1 onzième, plus 8000 fr. ; le cinquième prend 1 onzième, plus 9000 fr.; le dernier, enfin, prend tout le restant, et par ce moyen les six héritiers ont une part égale : Quel était le montant de la succession ?

104. Un lévrier poursuit un chevreuil qui fait 5 sauts tandis que le lévrier en fait 7 ; on sait que 3 sauts du chevreuil en valent 4 du lévrier, et que celui-ci a dû faire 1120 sauts pour atteindre le chevreuil. Combien ce dernier avait-il d'avance, en supposant qu'il fasse un mètre par saut ?

105. Un marchand a trois chevaux : le prix du premier, plus la moitié du prix des deux autres, fait 1140 francs ; le prix du deuxième, plus le tiers du prix des autres, fait 1000 fr. ; enfin, le prix du troisième, plus le quart du prix des deux autres, fait 990 fr. : Quels sont les prix respectifs de ces trois chevaux ?

106. Un fermier a mêlé du blé à 5 fr. la mesure, et du seigle à 3 fr. ; 100 mesures ainsi mélangées lui ont rapporté la somme de 420 fr. : Combien était-il entré de mesures de blé et de mesures de seigle dans ce mélange ?

107. Une fraction est telle, que les 3/4 du numérateur égalent les 2/3 du dénominateur, et que la somme des deux termes surpasse de 11 le produit de 1/3 du dénominateur par le 1/4 du numérateur : Quelle est cette fraction ?

108. J'achetai hier un livre que je revendis de suite, avec un bénéfice égal aux 3/4 moins 11 fr. de mon déboursé, ce qui m'a fait gagner 20 pour 100 : Combien avais-je payé ce livre ? combien l'ai-je revendu ?

109 Cinq voleurs rencontrent des voyageurs, et chacun d'eux leur prend 4 fr. par tête. Après leur départ, le chef de la bande veut avoir une part double de celle des autres, et pour le satisfaire, chacun de ses complices lui donne 4 fr. : On demande combien il y avait de voyageurs ?

110. A la suite d'une inondation, il est tombé, dans un même jour, la moitié des maisons d'une ville ; il en est tombé un tiers le lendemain, et un douzième le jour suivant, tellement qu'il n'y en a plus que 63 sur pied : On demande de combien de maisons cette ville était composée ?

111. Une jeune demoiselle à qui on demandait l'âge, répond : Maman et moi avons 50 ans ; mon père et ma mère ont 80 ans ; mon père a trois fois mon âge : On demande l'âge de chaque personne.

AUX PROFESSEURS,

INSTITUTEURS ET AMATEURS

DU CALCUL ALGÉBRIQUE.

Un certain nombre des problèmes qui précèdent, seront *facilement résolus, si l'on a soin de bien se familiariser avec tous les principes que nous avons développés dans les deux premières parties de cet ouvrage;* mais comme plusieurs problèmes peuvent présenter quelques difficultés pour la mise en équation des conditions de l'énoncé, *nous croyons rendre service en publiant de suite un second volume,* qui sera divisé ainsi :

Une *première partie* formera un questionnaire sur tous les chapitres traités dans l'ouvrage; des remarques nombreuses développeront les articles qui peuvent encore laisser à désirer à ceux qui veulent connaître les principes algébriques *dans leurs moindres détails.*

La seconde partie donnera la solution raisonnée de tous les problèmes qui précèdent.

Enfin , la *troisième partie* présentera une série de nouveaux *problèmes curieux*, suivis immédiatement de leurs solutions raisonnées.

Si dans le cours de la publication de la *Petite Bibliothèque des Classes primaires*, les amateurs de calcul désirent compléter leurs connaissances en algèbre et s'initier aux *équations du second degré*, — à la *théorie des puissances des nombres*, — à celle de l'extraction des *racines d'une quantité algébrique polynôme d'un degré quelconque*, — aux *permutations*, — aux *combinaisons*, — à la *théorie du Binôme de* NEWTON, ainsi qu'à la *théorie des nombres figurés*, je les engage à faire connaitre leurs intentions (*franco*) aux éditeurs de cette *Bibliothèque*, ils trouveront en nous le *dévouement le plus entier* pour la publication des ouvrages qui depuis *quinze années* ont occupé nos plus précieux moments, et ils reconnaîtront dans l'auteur, *un ami sans orgueil* qui désire les aider de son expérience en leur facilitant l'étude si attrayante des sciences, *sans autre guide que de simples leçons* et avec le moins de temps possible.

Le but des éditeurs et de l'auteur est donc d'embrasser dans une série de traités élémentaires, méthodiques et rédigés avec clarté et précision, l'ensemble du *système encyclopé-*

dique et de présenter dans un tableau exact, mais réduit, la science tout entière, riche de ses fruits et de ses fleurs, mais dépouillée de ses épines.

On écartera avec le plus grand soin les fastidieux commentaires, les lourdes dissertations, enfin, toutes les broussailles de la science, suivant l'expression pittoresque de MARMONTEL. Quelquefois, on négligera les détails trop minutieux ou trop abstraits pour s'occuper spécialement des parties plus importantes ou plus agréables.

Enfin, certains volumes traiteront complètement des matières supplémentaires exigées pour les diplômes de capacité, pour l'instruction primaire, et permettront de répondre aux examens de la manière la plus convenable.

D. P.

DE L'AGÈBRE.

A l'époque où les **Sciences exactes**, généralement étrangères aux gens du monde , semblaient n'ouvrir leur sanctuaire qu'*à des adeptes laborieux et privilégiés* , le nom de **l'Algèbre** ne réveillait communément dans l'esprit , que l'idée de *mystères presque cabalistiques* ou doués de *vertus magnétiques ou occultes*. C'eut été une entreprise téméraire *de vouloir la mettre à la portée de chacun* ; et il eut semblé impossible d'*en simplifier l'étude* au point de la réduire à un mois de travail : les savants auraient crié à la profanation, et les ignorants au miracle.

La langue des calculs était la chose obscure par excellence , et l'on disait proverbialement de tout ce qui exigeait beaucoup d'effort, de réflexion : **C'est de l'Algèbre.**

Il n'en est plus ainsi de nos jours , et les découvertes (fruit du temps et du génie), les résultats qui ont coûté tant de veilles aux savants d'un autre âge , sont popularisés : les plus minces écoliers répètent, sans effort, des calculs dont l'invention (faite dans un temps plus reculé), eut fait tressaillir de joie un **Archimède** et un **Newton.** La science ne s'entoure plus de ténèbres : elle ne se hérisse plus d'un langage étranger et barbare. *Le grand mérite de ceux qui* *la possède est de parler comme tout le monde et dans l'idiome commun.* On exige d'eux de la clarté et de l'élégance ; et quiconque aspire à travailler pour le grand nombre, *doit se défaire des apparences même de la spécialité.*

Le système de la simplification, ou pour donner à la chose son nom de vogue, le **Résumé**, fait le tour du monde intellectuel. Grâces à des hommes d'un vrai talent, qui l'ont popularisé dans le genre historique : le *Résumé* a passé de la littérature dans la science ; nous avons maintenant une foule de manuels de chimie, d'astronomie, de mécanique, etc ; nous avons même des encyclopédies en un volume.

Or, il faut remarquer que les sciences exactes se prêtent encore plus à cette méthode de simplification et d'abréviation, que les divers genres de littérature, et que les sciences législatives ou morales. Comme les sciences exactes reposent sur un petit nombre de principes ou de faits métaphysiques incontestables, et comme les propositions qui composent un système entier et très-développé, peuvent toujours être ramenées à ces proportions primitives ou principes générateurs, il ne s'agit, pour *résumer*, que de revenir au point de départ de tout le système.

La même opération ne peut pas se faire avec une égale certitude dans tout ce qui dépend des *quantités morales ;* comme elles sont variables, irréductibles, et que les principes qui les constituent, n'obtiennent pas de tous un égal assentiment, elles subissent moins complètement le joug de l'analyse.

Cette réflexion s'applique à l'histoire, bien qu'elle soit une science de faits. Le système historique le mieux conduit, le mieux lié, le plus probable, a toujours un côté vulnérable pour la critique, et laisse toujours une part ouverte à la controverse. D'où vient que tant de bons esprits ont appelé l'histoire une *fable convenue?* L'histoire a besoin, pour obtenir du crédit, de marcher avec un grand appareil de détails et de preuves. Le *résumé* d'histoire n'a que le temps d'affirmer; et il le fait souvent au hasard : *c'est son côté faible.*

Ce côté faible n'existe pas en mathématiques, ni surtout dans la langue propre à cette science : on peut toujours affirmer hardiment la valeur d'un résultat obtenu, par une opération ou formule régulière.

Or, l'Algèbre est la science de ces formules : elle enseigne comment il faut procéder à ces opérations. Nous allons expliquer ses moyens.

Lorsqu'on veut résoudre une question numérique, c'est-à-dire trouver certains nombres d'après la connaissance d'autres nombres liés au premier par des conditions données, on est conduit à faire des raisonnements et des calculs pour arriver aux résultats demandés; on remarque bientôt que ces raisonnements sont indépendants des grandeurs données et que la succession des opérations numériques resterait le même si l'on changeait ces grandeurs, sans cependant altérer en rien les conditions de la question. L'Algèbre est une science qui a pour objet de rechercher quelle est la suite de calculs qui résolvent les problèmes proposés ; d'en former des tableaux, d'indiquer les simplifications possibles, etc., et cela, quels que soient les nombres eux-mêmes qui font la base de ces opérations. Un exemple fera concevoir cette exposition.

Si l'on demande l'intérêt à 5 pour cent du capital 10,000 fr., on peut voir de suite qu'il faut poser cette proportion :

Si 100 francs rapportent 5 francs d'intérêt, combien 10.000 fr. rapporteront-ils ?

On trouve 500 fr. pour le résultat demandé.

L'intérêt de 12,000 fr. à 6 pour cent s'obtiendra par la proportion

$$100 : 6 :: 12,000 : x,$$

et l'on aura 720 fr. d'intérêt.

Ainsi, dans ce genre de questions, les données peuvent différer entre elles par la valeur du capital et par le taux ; mais quels que soient ces nombres, il est clair que la proportion qu'on sera obligé de former, conduira à multiplier le centième du capital par l'intérêt de 100 fr. : cela est vrai pour toutes les sommes placées, et pour tous les taux d'intérêts. Telle est donc la suite des calculs qu'il conviendra d'exécuter dans tous les problèmes de ce genre, indépendamment des nombres sur lesquels le calcul sera fait.

Posons donc que toute règle ou formule algébrique, n'est que l'énoncé des procédés de calcul à mettre en œuvre pour obtenir la solution, indépendamment de la grandeur des nombres donnés.

Chaque question ne peut de même être résolue que

par une suite d'additions, multiplications, divisions, etc., qu'on ne doit pas faire au hasard, mais qui résultent des conditions qu'elle assigne. L'énumération de ces opérations ne suffit pas pour les résoudre, il faut encore les effectuer; mais comme la partie matérielle du calcul ne peut présenter des difficultés, qu'elle est tout au plus longue et fastidieuse, sans que rien ne puisse s'opposer à son exécution, il est clair que le principal obstacle qu'on vient à trouver pour résoudre les problèmes, consiste réellement à découvrir la suite des calculs qui donneront la solution quand on aura pris la peine de les faire. Or, il s'en faut de beaucoup que les questions soient, comme les précédentes, assez simples pour que l'on puisse de suite saisir la liaison des données aux inconnues, et en conclure les opérations qui amènent un résultat.

L'objet principal de l'*Algèbre* est donc d'assigner ces relations et d'en former, pour ainsi dire, le tableau dans une sorte de langage qui est très-propre au but que l'on s'est proposé.

Ainsi, l'algébriste ne raisonne pas plus sur un tel nombre pris en particulier, que sur tout autre : la grandeur définie ne lui importe en rien, puisqu'il n'a pas le dessein d'exécuter des opérations numériques; mais seulement d'indiquer s'il faut multiplier ou diviser, ajouter ou soustraire. Aussi est-il dans l'usage de représenter ordinairement les nombres par des lettres, des symboles, des figures arbitraires qui tiennent simplement lieu des nombres, et sur lesquels il raisonne sans s'inquiéter s'ils sont tels ou tels, grands ou petits. Il se sert aussi, pour abréger, de signes purement conventionnels dont on trouvera le détail et l'explication ci-après.

Un avantage attaché aux formules algébriques, c'est de dispenser de tout raisonnement celui qui veut résoudre un problème du genre de ceux auxquels l'une de ces formules convient. Il ne s'agit plus que de pratiquer, pour ainsi dire machinalement, de certains calculs, selon les indications de cette formule, sans avoir à méditer sur les causes qui déterminent à préférer ces opérations à d'autres. Le raisonnement d'où l'on a déduit ces combinaisons, a été fait une fois pour toutes : le matériel du calcul changera dans chaque cas avec les nombres donnés ; mais l'ordre et la nature de ces opérations resteront invariables. Il ne sera même pas nécessaire de concevoir les motifs qui ont dirigé l'algébriste, quand il est parvenu à cette formule ; il suffira de la certitude qu'il n'a pas créé dans son jugement, et l'on pourra s'en servir comme lui et avec toute l'habileté qu'il y eût lui-même appliquée, s'il eût été dans la nécessité de s'en servir.

F. R. et **D. PUILLE** (d'Amiens.)

TABLE

DES PRINCIPAUX ARTICLES CONTENUS DANS CET OUVRAGE.

CHAPITRE III.

Quantités algébriques entières.

ADDITION.

SOUSTRACTION.

MULTIPLICATION.

DIVISION.

TROISIÈME PARTIE.

RECUEIL DE PROBLÈMES CURIEUX ET INTÉRESSANTS.

AMIENS. — Typographie de CARON et LAMBERT.

ERREURS TYPOGRAPHIQUES

ESSENTIELLES A CORRIGER.

OBSERVATION. Nous recommandons aux Professeurs et aux Instituteurs de faire corriger, par leurs élèves, les erreurs que nous allons signaler; ils feront bien d'indiquer, au crayon, au moyen d'un signe quelconque, la ligne où se trouve la faute, avant la lecture de l'ouvrage.

Pages. Lignes

5   8   d'Agèbre, *lisez :* d'Algèbre.

28   6   (en travers): $6a^5 + 2a^4b - 15a^3b^2 + 13a^2b^3 + 16ab^4 - 15b^5$, *lisez :* $6a^5 - 2a^4b - 15a^3b^2 + 13a^2b^3 + 14ab^4 - 15b^5$.

36   5   (au quotient): $-4a^3 + 3b - 5c^2 + 7d$, *lisez :* $-4a + 3b - 5c^2 + 7d$.

36   11 $4a + 3b - 5c + 7d$, *lisez :* $-4a + 3b - 5c + 7d$.

37   2 $-20a^2b^2c + 12a^3b^2c^2 - 4a^3b$, *lisez :* $-20a^2b^2c + 12a^3b^2c^2 - 4a^3b + b^3$.

47   15   les lettres bc communs, *lisez :* les lettres bc communes.

50   4   (2º fraction): $\dfrac{cbdcm}{bc^2d^2m}$, *lisez :* $\dfrac{cbdcm}{bc^2d^2m}$

64   19 $\dfrac{9}{15}x + \dfrac{75}{15}$, *lisez :* $\dfrac{9}{15}x + \dfrac{75}{15}$

GÉOGRAPHIE des Commençants ou Abrégé facile de Géographie, par demandes et par réponses, pour servir d'introduction *au Petit Cours élémentaire de Géographie générale, et principalement de Géographie de la France, etc.* Prix : 60 c.

GÉOGRAPHIE Historique et Statistique du département de la Somme, renfermant de glorieux souvenirs et d'intéressants détails sur LES 832 COMMUNES QUI LE COMPOSENT. Ouvrage rédigé pour être introduit dans les Écoles primaires ; par PRINGUEZ. — 1 vol. in-18, cartonné, 1 fr.

MÉTHODE de PLAIN-CHANT, de MUSIQUE et de SERPENT, ouvrage utile à tous les diocèses et séminaires, à tous les ecclésiastiques, chantres, maîtres et élèves de chant, approuvée par Mgr. l'Évêque d'Amiens, pour l'usage de son diocèse, par M. l'abbé BEAUGEOIS, curé de Bouzincourt ; *seconde édition, revue, corrigée et considérablement augmentée.* — Un vol. in-12. Prix : 3 fr.

MANUEL DU SECRÉTAIRE DE LA MAIRIE, traçant d'une manière précise et rationnelle à MM. les Maires, Adjoints et Conseillers, leurs droits et leurs devoirs comme administrateurs municipaux, et notamment comme officiers de l'état civil, suivi de 85 modèles, et du Tableau des droits de mutations après décès ; par PRINGUEZ, ancien secrétaire de Mairie. — Prix : broché, 1 fr.

OUVRAGES DE M. D. PUILLE (d'Amiens).

OUVRAGES DE M. D. PUILLE (D'AMIENS)

CHEZ LES MÊMES LIBRAIRES.

COURS COMPLET D'**Arithmétique élémentaire** (théorique et pratique), in-12, prix. . 1 fr. 50 c.

COURS COMPLET D'**Algèbre élémentaire** (théorique et pratique), in-12, prix. . . . . . . 3 fr. 50 c.

COURS COMPLET D'**Arpentage élémentaire** (théorique et pratique), in-12, prix. . . . . . 3 fr.

SOUS PRESSE.

SOLUTIONS RAISONNÉES DES **Problèmes de l'Algèbre** de la *Petite Bibliothèque des Classes primaires.*

Physique,	avec planches intercalées.
Chimie,	id.
Récréations scientifiques,	id.
Sciences naturelles,	id.
Mécanique,	id.
Arpentage,	id.
Dessin linéaire.	id.
Géométrie,	id.

Ces 10 volumes forment la première série de la PETITE BIBLIOTHÈQUE DES CLASSES PRIMAIRES ; *ils seront acceptés par l'Instituteur, l'Élève, le Cultivateur, l'Homme du monde, etc., comme de petits répertoires dans lesquels on trouvera le tableau exact, mais réduit, de la science tout entière, riche de ses fruits et de ses fleurs, mais dépouillée de ses épines.*

Amiens, Typ. de Caron et Lambert.